手绘魅力

李鹏 臧慧 庞聪 著

CHARM OF HAND-PAINTING

大连理工大学出版社

图书在版编目 (CIP) 数据

手绘魅力 / 李鹏，臧慧，庞聪著. —大连：大连理工大学出版社，2013.9
ISBN 978-7-5611-8167-6

Ⅰ. ①手… Ⅱ. ①李… ②臧… ③庞… Ⅲ. ①建筑艺术—绘画技法 Ⅳ. ① TU204

中国版本图书馆 CIP 数据核字 (2013) 第 196581 号

出版发行：大连理工大学出版社
（地址：大连市软件园路 80 号 邮编：116023）
印　　刷：利丰雅高印刷（深圳）有限公司
幅面尺寸：320mm × 245mm
印　　张：16
出版时间：2013 年 9 月第 1 版
印刷时间：2013 年 9 月第 1 次印刷
责任编辑：裘美倩
责任校对：王丹丹
装帧设计：李　鹏

ISBN 978-7-5611-8167-6
定　　价：128.00 元

电话：0411-84708842
传真：0411-84701466
邮购：0411-84703636
E-mail: designbooks_dutp@yahoo.com.cn
URL: http://www.dutp.cn

如有质量问题请联系出版中心：（0411）84709246 84709043

INTRODUCTION 前言

随着时代的发展，新技术在各领域的不断出现，越来越多的人离不开电子办公。设计行业也不例外地被电脑技术涵盖，设计领域出现了传统的手绘设计逐渐被电脑设计所替代的趋势。而真正用徒手画去表达思维创意的却微乎其微。但作为基础方案构思的设计初期，需要设计师将大脑中的大量设计构思以最快速的方式，转换成可视的内容呈于纸面，以便与对方进行交流和讨论。在这一点上，手绘表现比电脑表现更直观，也更快捷。

“手绘，自然是一种审美创造活动，也是在想象中实现审美主体和审美客体的互相对象化。更是人们对现实生活和精神世界的形象反映，也是艺术家知觉、情感、理想、意念综合心理活动的有机产物。”所以，手绘是艺术是毋庸置疑的。手绘的目的是设计，但手绘的深层次追求却是艺术性，艺术性才是手绘的灵魂。

好的创意，是设计者最初设计理念的延续，而手绘则是设计理念最直接的体现。手绘设计要求设计师具备良好的专业技能，若好想法缺乏表达能力，画不出来，最终会无济于事。手绘技能的培养需要一定的悟性和绘画基础，经过大量的设计练习等专业训练后，才能逐渐掌握效果图的绘制技巧。手绘训练是从画面的构图、透视、色调等问题着手，逐步处理画面的空间、虚实、主次关系，色调的对比和协调关系等。手绘技法的成熟掌握是处理画面的一种基础性绘画设计训练，也是制作出色的电脑表现图应该具备的前提条件之一。

手绘与电脑并重，是设计领域的正常发展之路。正确认识手绘的作用，强化对手绘设计的学习和应用，对初学者进行正确的设计观念的教育，这些都是非常重要的。在设计实践活动中，丰富手绘的手段，使手绘设计和电脑设计二者形成互动、互补的正确关系，可使设计艺术手段更加丰富与完善。

本书通过长期的实际项目操作等经验，针对徒手画爱好者，遵循渐进的学习过程，从基础起步到最终成稿，使手绘爱好者可以充分体会手绘画的真正魅力。望能对广大手绘爱好者起到点滴的抛砖引玉的作用。

本书在编写过程中，由于时间和水平有限，难免挂一漏万。恳请同仁批评指正。

个人简介

李鹏

大连理工大学环境艺术专业　学士

大连理工大学美术学专业　硕士

大连梵天规划设计院　设计总监、院长

有多年的设计工作经验，曾主持和参与完成多项规划、建筑、景观和主题公园的设计工作。

臧慧

鲁迅美术学院环境艺术专业　学士

大连理工大学建筑学专业　硕士

大连理工大学建筑与艺术学院　讲师

有多年的教学经验，曾在国内多个专业杂志上发表多篇论文，并参与编写多部室内设计书籍。

庞聪

鲁迅美术学院环境艺术专业　学士

大连理工大学美术学专业　硕士

大连大学美术学院　讲师

有多年的教学经验，曾在国内多个专业杂志上发表多篇论文，并参与完成多项景观、室内工程的设计工作。

CONTENTS 目录

第一章　手绘徒手画概述

第一节　手绘徒手画的概念

手绘是一种传统的绘画表现手段，它具有一定的艺术感染力及自由洒脱的艺术表现力。手绘设计表达被广泛应用于建筑、室内、园林、景观、产品设计等领域。手绘徒手画顾名思义，是指用手和笔快速进行一些草图或相对工整的图面的设计表达，具有非常强的表现力，又称为手绘效果图。手绘效果图的好坏更是一个设计师职业水平和艺术修养最直接、最直观的真实反映，它最能体现设计师的综合素质。

在学习设计的过程中，设计师应该具备两个最基本的能力：第一是设计思维能力，第二是设计表达能力。设计思维能力是指在从事设计活动时，设计师所展现出来的独特的设计构思、理念、经验等设计才华。设计表达能力则指设计师在设计表现中对环境物象的空间、形态、材质、色彩特征的判断与把握，对尺寸与比例、材质特征与表象、色彩的统一与丰富进行处理时所具备的有效方法。手绘效果图在其创造过程中，不仅能锻炼和提高设计师的造型能力，还能增强对造型艺术的感知度。通过大量的训练，能让设计思维更加活跃，有效地提高艺术设计素养，以致加强设计表现能力。

第二节　手绘徒手画的特点与技法

一、手绘徒手画的特点

手绘徒手画虽不是纯艺术作品，但其本身所具有的艺术气质却向人们传递着设计语言、设计理念和情感，这是电脑效果图所不具备的，它是技术与艺术的双重体现。一幅优秀的手绘徒手画表现图具有丰富的想象力，把设计想法向现实靠拢。手绘徒手画能快速地表达和记录设计师的构思过程、设计理念和瞬间的艺术灵感，既充满了创意性，又体现了真实感。

二、手绘徒手画的表现技法

设计是表现的目的，表现为设计所派生，不以设计为目的的表现是没有灵魂、没有深度可言的。但同时，成熟的设计也伴随着表现而产生，设计与表现互为一体，相辅相成。

手绘效果图按工具材料的不同可做如下分类：

1.针管笔、钢笔表现技法

2.马克笔表现技法

3.彩色铅笔表现技法

4.水彩表现技法

5.水粉表现技法

6.透明水色表现技法

7.喷笔表现技法

8.综合表现技法

第二章　手绘徒手画的表现基础

第一节　常用手绘效果图表现工具

手绘效果图的完成，离不开作者良好的绘画基础修养，也离不开绘画工具的配合，两者只有相辅相成，才能创作出优秀的作品。不同的工具有着不同的表现性能，体现着不同的表现方式，所以对于画具和辅助材料的要求也不尽相同。

一、笔类

1.铅笔

手绘中一般选用2H、H、HB、B、2B铅笔作图，这类笔软硬适中，既不会划伤纸，也便于修改。其次是自动铅笔，起稿时选用自动铅笔，可以尽量保持画面干净整洁。（如图2—1）

图2—1

2.针管笔

按照针管笔的注墨方式可分为一次性针管笔和注水性针管笔；按照针管笔的墨水属性可分为水性针管笔和油性针管笔。常用的型号有0.1、0.3、0.5、0.8等。（如图2-2）

图2-2

3.毛笔

毛笔通常用于水粉、水彩表现效果，常用的有“大白云”“中白云”“小白云”“叶筋”“小红毛”和板刷，水粉笔和油画笔等不适用于手绘表现。传统的毛笔与水彩毛笔适合绘制水彩效果的效果图。运用不同的笔法也会产生不同的表达效果。

4.彩色铅笔

彩色铅笔在手绘表现中起了很重要的作用，应用比较广泛，无论在绘制草图，或手绘效果图深入表现中，彩色铅笔都不失为一种既简便又易出效果的表现工具。彩色铅笔分为普通型（油性）和水溶性。普通型蜡质较重，不溶于水，着色力弱；进口的水溶性彩色铅笔，着色力强，溶于水，涂色后在其表面用清水轻轻涂抹会呈现出水彩画的意味。（如图2-3）

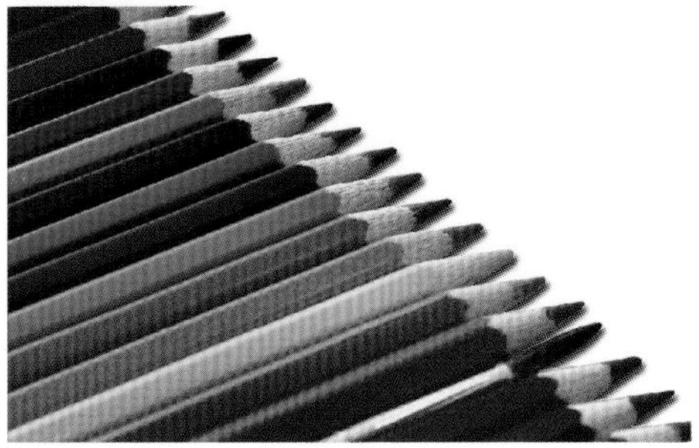

图2-3

5.马克笔

马克笔又称麦克笔，是目前较为理想的主要表现工具之一，受到众多设计师的青睐。马克笔拥有色彩剔透、笔触清晰、携带方便、风格豪放、作图迅速、表现力强等优点。通常将其分为油性和水性两种，颜色种类较多，其笔头有尖形与扁形。油性马克笔的色彩饱和度高，挥发较快，色彩干后颜色稳定，经得住多次的覆盖与修改。而水性马克笔干后颜色容易变浅，覆盖后容易变浑浊，适宜一次性完成。（如图2-4）

图2-4

6.其他类

上述笔类为常用类型，有时候根据效果的需要，也会用到一些特殊的笔类，如炭笔、色粉棒、蜡笔、炭精棒等。这些笔只是偶尔被用在一些特殊手绘表现上，在本书中不作为主要技法进行讲授，学习者可以根据个人兴趣爱好选购这些特殊的画具进行尝试性表现。

二、颜料类

1.水粉颜料

又称广告色。其颜色具有覆盖力强、色彩饱和度高的特性，比较适合大面积作画，但这种颜料作画时不宜太厚，否则干后易产生裂纹甚至脱落。

2.水彩颜料

水彩颜料是手绘表现图中较常用的表现形式。水彩颜料色彩艳丽、细腻自然、透明性高，作画时可进行多次叠加，其色与水相溶后会有意想不到的效果。（如图2–5）

3.色粉颜料

色粉更像我们平时接触到的粉笔，是一种固态的粉状颜料，其粉质细腻、色彩过渡柔和，此颜料多用于背景的表现。

三、纸张类

纸张根据密度、质地、厚度与性能可以分为复印纸、描图纸、绘图纸、素描纸、水彩纸、水粉纸、卡纸、宣纸、色纸等。根据绘制工具及绘画性质的不同，选择相对应的纸张进行绘画。

图2–5

四、辅助工具类

手绘效果图表现中除了徒手画线之外，在绘制较精确的画面和特殊物体时，还需要一些尺规作为辅助工具。尺规的应用更多的还是根据手绘者的需求来定。常用的尺规工具有一字尺（带滑轮）、丁字尺、直尺、三角板、曲线尺、蛇形尺、界尺、比例尺、模板、圆规等。（如图2–6）

图2–6

第二节　色彩基本原理

我们生活在一个色彩斑斓的世界里，仰看蓝天，俯看大地，大到汪洋，小到生活点滴，色彩无不充斥着我们的生活。瑞士色彩学家约翰内斯·伊顿先生写道：“色彩是生命，因为一个没有色彩的世界在我们看来就像死一般。”我们所设计的对象更离不开色彩，色彩在手绘效果图表现技法中占据着非常重要的位置，物体的色泽、质感、肌理都是通过色彩表现出来的，所以只有熟练掌握色彩的特性，才能更准确地表达出设计方案的色彩环境氛围。这就需要我们不断地学习知识、细心观察、感受色彩，并不断地在实践中积累经验。

一、色彩的形成

色彩是光刺激眼睛所产生的视觉感。我们之所以能看见物体的颜色，是因为有光，光与色有着不可分割的密切联系，光是色产生的原因，所以有光才有色。

二、色彩三要素

色相：即色彩的相貌和特征。它是色彩的最大特征，能够比较确切地表达出某种颜色的名称，如红色、橙色、黄色、蓝绿色等。

明度：指色彩的明亮程度。颜色有深浅、明暗、浓淡的变化。比如，深蓝、中蓝、淡蓝和深红、中红、淡红等这些颜色在明度、深浅上有着不同变化，即明暗变化。

纯度：指色彩的纯净程度，也叫饱和度。它表示颜色中所含有色的比例，原色是纯度最高的色彩，颜色混合的次数越多，纯度越低。（如图2-7、图2-8）

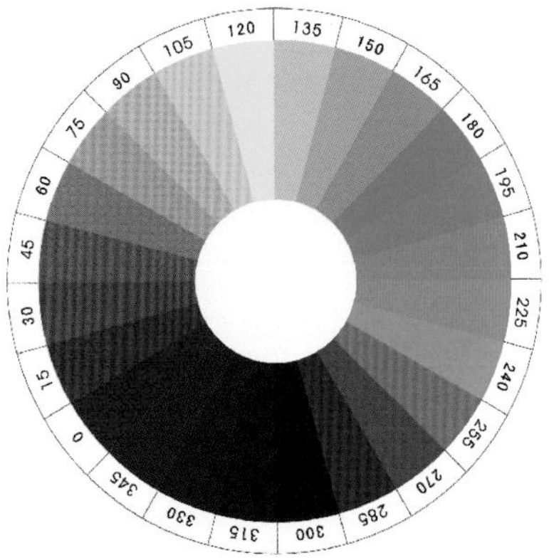

图2-7 色相环

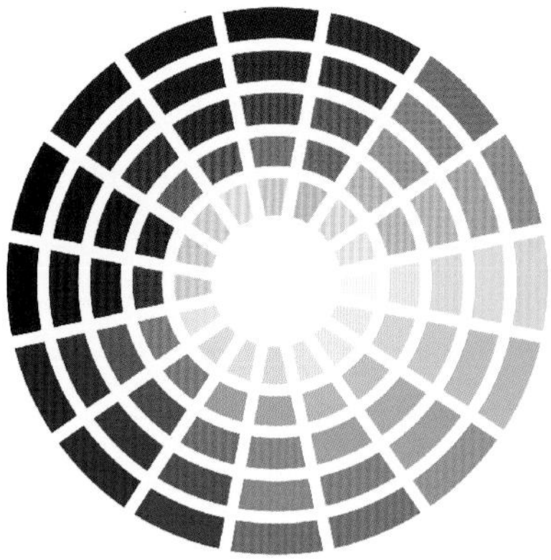

图2-8 色彩明度与纯度

第三节　手绘效果图的构图方式

一幅具有美感的手绘效果图，在很大程度上与画面的构图是密不可分的。所谓画面构图，简单地讲就是画面内容的组织方式。要考虑究竟是采用何种构图方式，绘画物体应该放在什么位置，画面的容量应该是多少，这些问题和要表现的主题思想密切相关。

常见的构图有以下几种形式：

1．“S”式：画面所描绘的物象呈S形曲线状，如蜿蜒的小路、河流以及曲折的山脉，这种构图给人以婉转灵活、自然流畅的感觉，画面在视觉上产生深远的空间动势。但要注意近实远虚的掌握。（如图2–9）

图2–9

2.三角式：三角式构图在静物绘画中颇为常见，这种构图方式给人以稳定、沉着的感觉。此种构图方式对于初学者较容易掌握。（如图2–10）

图2–10

3.满构图：指从画面表现的物象的面积与量的角度来理解构图。如在风景写生中省略天空，画面构图内容多以树木、山石、花草等为主，用以表达充满生机的主题感受。多以表达夸张或单个细节物体时所采用。（如图2–11）

图2–11

4.垂直式：画面所描绘的对象高耸、直立、挺拔，在视觉上产生纵向、垂直向上的动势，给人以拉伸感，如高层建筑、高树等。（如图2–12）

图2–12

5.水平式：描绘的对象通常是广袤无边，视野开阔，地形平坦，呈水平状，如草原、沙漠、湖泊、海洋等，这种画面的构图在视觉上是横向拉伸，给人以平静、稳定、视野开阔的心理感觉。（如图2–13）

图2–13

通过以上的构图形式我们可以简单地总结出：构图的基本原则讲究的是对称、对比与和谐、统一。

第四节 手绘徒手画的空间透视表现

在日常生活中，我们通过对物体的轮廓、体积、形状、大小等这些的感觉和认识，把它们表现在手绘图上。但我们仅凭直观的感觉去作画时，就难免要产生透视错误，觉得所画物体不尽如人意。因而，对于手绘者来说，学习透视是非常重要的，它是绘画的基础，是完成一幅优秀绘画作品的必要前提。

一、空间透视理论及透视基本概念

空间透视的把握和应用是手绘过程中非常重要的环节，要在理解透视的基本原理后，通过不断的训练和实践，提高运用的熟练度和运用过程中的准确性和正确性。进而更能通过透视来提高整体的美感，升华手绘图的设计主题和内涵。

1.透视基本理论

透视：透视的意义即“透而视之”，可以设想在视点和景物之间竖立一块透明平面，景物形状通过聚向画者眼睛的锥形视线束结束映于玻璃板上，即可产生透视图形，使三维景物的形状落在二维平面上。（如图2–14）

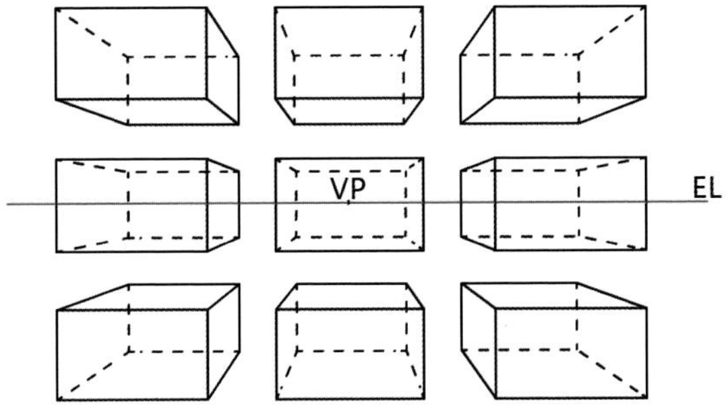

图2–14 平面透视概念示意图

2.透视基本术语（如图2–15）

视点EP(EYE POINT)：画者眼睛的位置

停点S(STANDING POINT)：视点垂直下方基面上的点

透视画面PP(PICTURE PLANE)：将景物透过透明面形成的物象绘出来的媒介

基面GP(GRAND PLANE)：景物投到画面的水平面，画面和基面成90度角

视高线EL（EYE HIGH LINE)：视高所在的水平延伸线

视高EH(EYE HIGH)：视点到停点的垂直距离，即视平线和基线的距离

视心VC（VISUAL CENTER)：视轴与透视画面的交点

视平线VH(VIEW HORIZON)：由视点所引水平线，视平线随视点（眼睛）的高低变化而变化

基线GL(GRAND LINE)：画面和基面相接的线

灭点VP(VISUAL POINT)：又称消失点，在画面上视圈越聚越拢，最后消失在一个点上

距点DP(DISTANCE POINT)：与画面成45度角的水平线灭点

测点M：求空间透视中开间、进深、高度的测量点

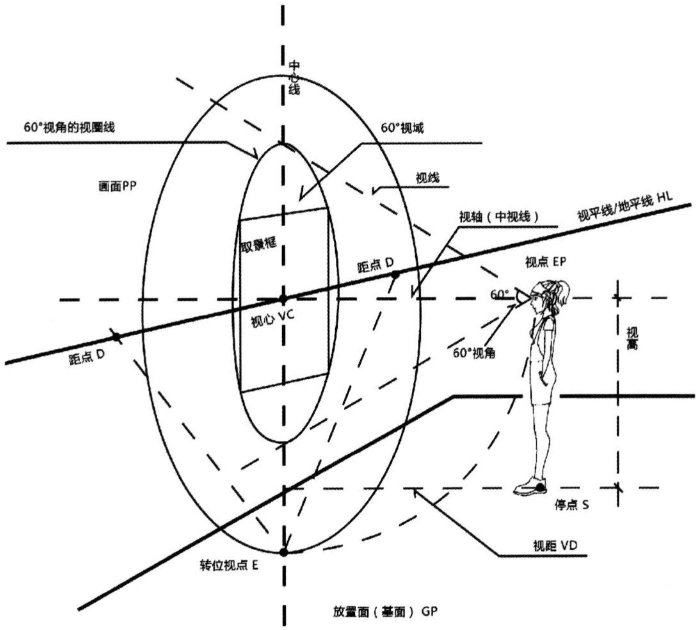

图2–15 透视基本术语示意图

二、平行透视（一点透视）

1.平行透视概念

平行透视：亦称一点透视。水平位置的直角六面体有一组面与透视画面（透明平面）平行，称为平行透视。平行透视其消失点只有一个（即视心点）。

2.平行透视构图画面的特点

视心作为主体变线的消失点，具有使画面中的景物表现出集中、对称和稳定的优点。表现范围广，对称感强，纵深感强。适合表现庄重、严肃的题材。但如果视点选择得不好，容易使画面呆板。

3.平行透视构图画面的画法

由外向内标准作图步骤（绘制一个高4m、宽6m，进深5m的空间）：

(1)已知4m高度、6m开间的矩形为目标墙面，确定2m高度为空间视高，绘制视高线EL。在视高线EL上，6m开间中心大约三分之一范围内绘制一点VP，确定为该空间灭点。(如图2–16)

(2)确定前图绘制的4m高度、6m开间的矩形四个端点，并将其四个端点分别向视高线EL上的灭点VP作连线，以确定该空间的四条主透视线。(如图2–17)

(3)在画面左端（6m开间0m方向）于视高线EL上绘制测量点M，以求空间的进深（注意：测量点定得越远，末端目标墙越大，进深感就越缓和；测量点定得越近，末端目标墙越小，进深感就越强烈）。将测量点M分别向6m开间上的单位划分作连线，以取VP到0m点连线（进深）上的单位划分。(如图2–18)

(4)以VP到0m点连线（进深）上的5m单位划分为内部目标墙面进深标准，分别向水平方向绘制内部目标墙面开间；向垂直方向绘制内部目标墙面高度，以组成内部目标墙面矩形。(如图2–19)

(5)以VP到0m点连线（进深）上的各个单位划分为进深标准，分别向水平方向绘制各个进深单位划分的开间参考线；再分别向垂直方向绘制各个进深单位划分的高度参考线，各个进深单位划分的参考矩形。(如图2–20)

(6)根据以上已知内容，以灭点VP为中心分别向空间左右两侧高度划分点作连线，绘制出1m、2m和3m高度的进深参考线；再以灭点VP为中心分别向空间上下两端开间划分点作连线，绘制出1m至6m开间的进深参考线。从而完成开间为6m，高度为4m，进深为5m空间的平行透视由外向内标准作图的构图画面。(如图2–21)

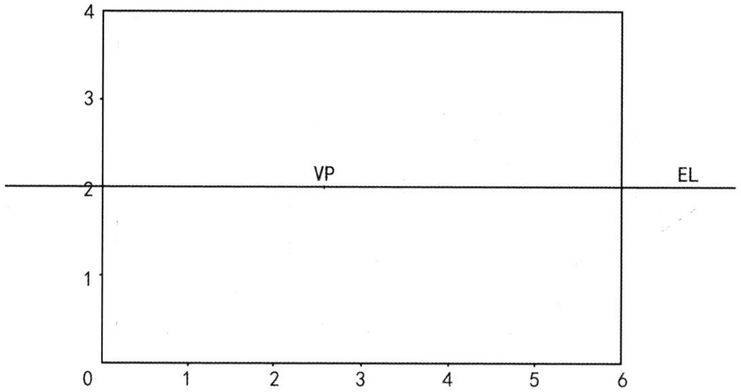

图2–16

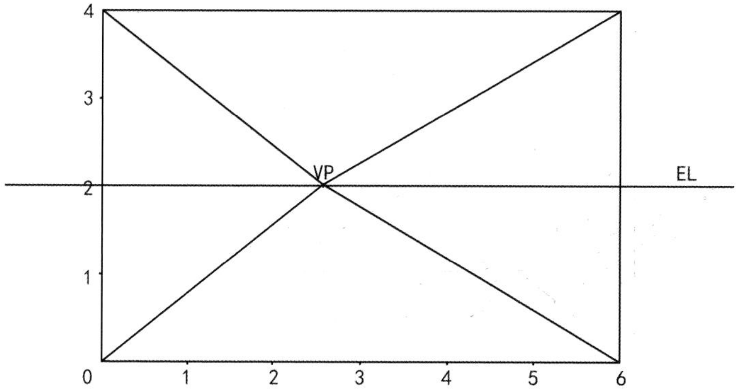

图2–17

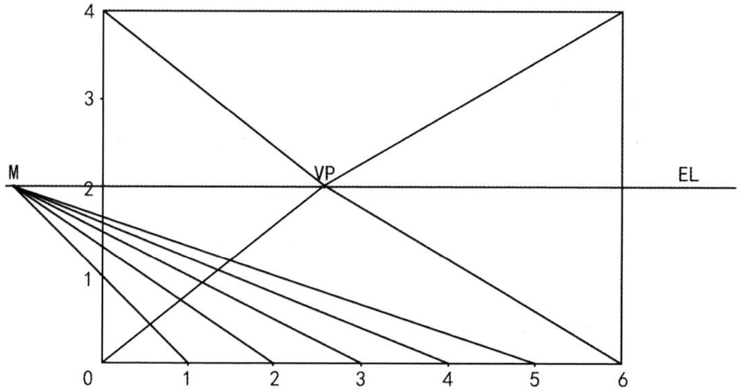

图2–18

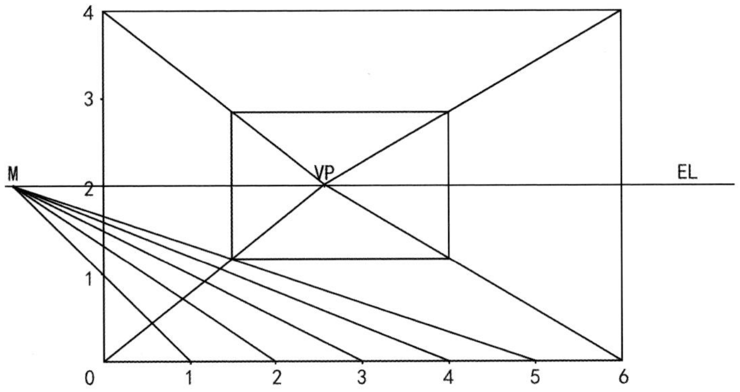

图2–19

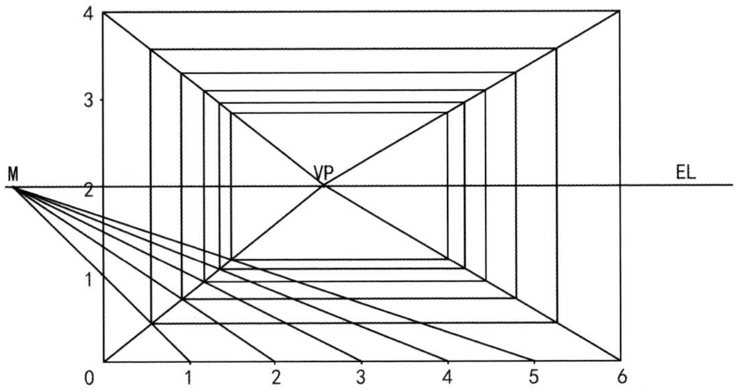

图2–20

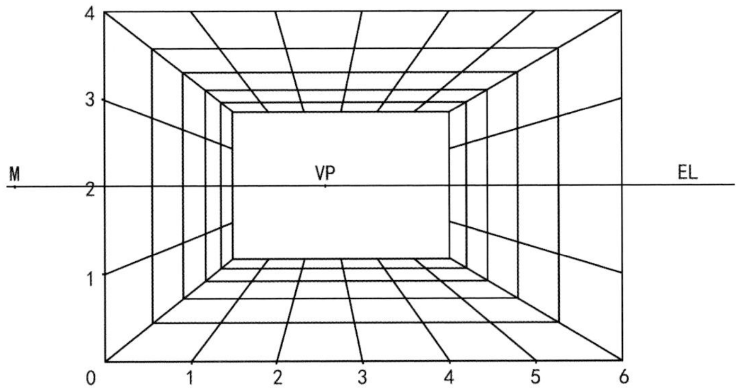

图2–21

三、成角透视（两点透视）

1.成角透视概念

成角透视：亦称两点透视。把水平位置的直角六面体进行旋转，这时除了垂直于地面的那一组平行线的透视仍然保持垂直外，方形景物两组面与透视画面（透明平面）形成一定角度的透视称为成角透视。成角透视有两个消失点，又称为两点透视。根据观察景物的角度不同，成角透视又可分为“典型”成角透视和“微动”成角透视。

2.“典型”成角透视构图画面的特点

成角透视由于透视更加丰富，会产生一种运动感和不稳定感。与平行透视相比，画面更具有动感、活泼的特点。但成角透视表现的范围更广，其对称感和纵深感较弱，多用于表现活泼主题的画面。但如果视点位置与角度选择得不好，容易出现畸形或失重。

3.“典型”成角透视构图画面的画法

由外向内标准作图步骤(绘制高3m，进深4m的空间)：

(1)已知3m高度目标线，确定1.7m高度为空间视高，绘制视高线EL。(如图2–22)

(2)在视高线两端分别确定灭点VP1和VP2，3m高度目标线上0m位置端点与3m位置端点分别向VP1与VP2作连线。(如图2–23)

(3)穿过0m位置端点作水平线并以高度单位比例进行单位划分。(如图2–24)

(4)以VC为圆心，以VP1至VP2的距离为直径作半圆，取半圆弧中心点S(停点)；以VP1为圆心，以VP1至S的距离为半径作弧交于EL（视高线）上取M2（测点）；以VP2为圆心，以VP2至S的距离为半径作弧交于EL（视高线）上取M1(测点)；用M1与M2分别向0m位置端点水平线两端单位划分作连线，以取VP1到0m点连线（开间）与VP2到0m点连线（进深）上的单位划分。(如图2–25)

(5)取VP1到0m点连线（开间）与VP2到0m点连线（进深）上的4m单位点，向上垂直作空间高度线分别交于VP1到3m点连线（开间）与VP2到3m点连线（进深）；得交点后加VP1到0m点连线（开间）与VP2到0m点连线（进深）上的4m单位点分别向VP1与VP2作空间形体连线；最后绘制空间远处3m高度线。(如图2–26)

(6)根据以上已知内容，与VP1和VP2相连分别作出四个空间界面的1m单位线。(如图2–27)

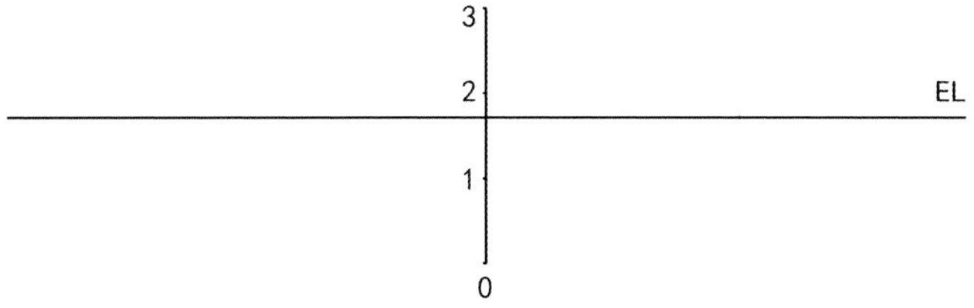

图2—22

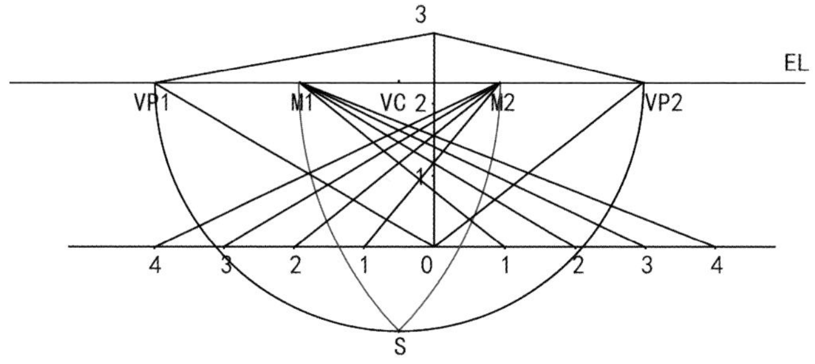

图2—25

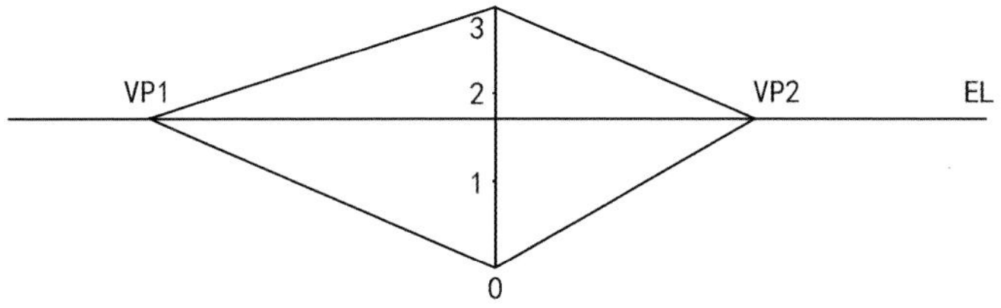

图2—23

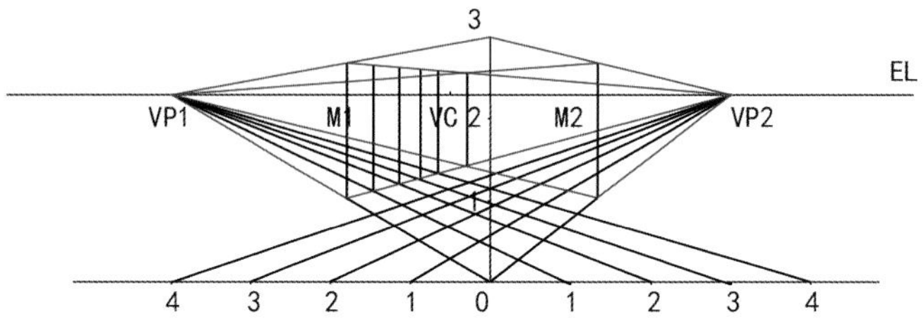

图2—26

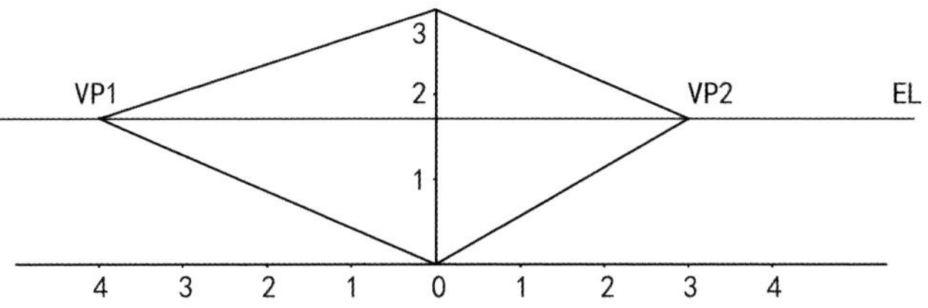

图2—24

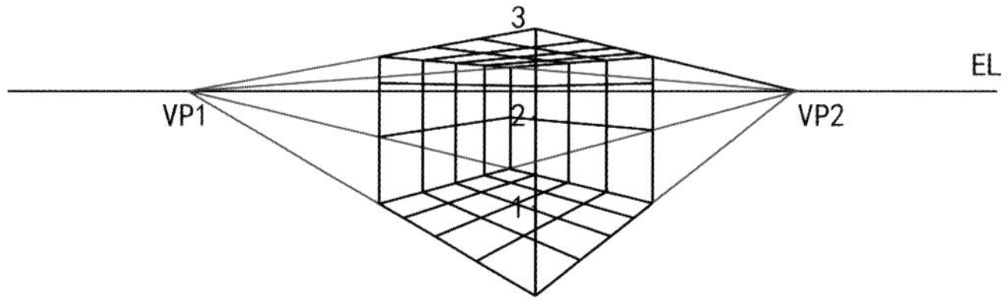

图2—27

4、“微动”成角透视构图画面的画法

由外向内标准作图步骤（绘制高度4m、进深5m、开间6m的空间）：

(1)绘制已知4m高度、6m开间的矩形为目标墙，确定2m高度为空间视高，绘制视高线EL。在视高线EL上，6m开间大约三分之一位置绘制一点VP1(靠左靠右均可)，确定为该空间的一个灭点。(如图2—28)

(2)确定前图绘制的4m高度、6m开间的矩形四个端点，将四个端点引向视高线EL上的灭点VP1并连线，确定空间四条主透视线。以0m位置为基点向右侧方向做一条有一定倾斜角度的参考线，假设视高线EL上右端较远处确定了另一个灭点VP2（倾斜角度越大就表示灭点VP2越近，开间透视越强烈，倾斜角度越小就表示灭点VP2越远，开间透视越平缓），并交于VP1到6m点的进深连线。(如图2—29)

(3)在画面开端（6m开间的0m方向）于视高线EL上绘制测量点M，以求空间的进深（注意：测量点定得越远，末端目标墙越大，进深感就越缓和；测量点定得越近，末端目标墙越小，进深感就越强烈）。将测量点M分别向6m开间上的单位划分作连线，以取VP1到0m点连线（进深）上的单位划分。(如图2—30)

(4)以VP1到0m点连线（进深）上的各个单位划分为进深标准，分别向垂直上方绘制内部目标墙面高度线。再倾斜参考线于VP1到6m进深线的交点为基点向垂直上方绘制空间墙面高度线，交于右上方主透视线后再与高度4m点相连，以求得“微动”成角透视变化后的高度4m、开间6m目标墙梯形。(如图2—31)

(5)以进深1m单位划分点为基点向右作水平辅助线，与空间外框相交于1′点，以1′点为基点向灭点VP1作连线，与空间内框相交于1″点，再以进深1m单位划分点为基点向1″点作连线，并相交于VP1与开间6m点的进深连线，以求得空间1m进深的开间方向透视线；然后以进深2m单位划分点为基点向右作水平辅助线，与空间外框相交于2′点，以2′点为基点向灭点VP1作连线，与空间内框相交于2″点，再以进深2m单位划分点为基点向2″点作连线，并相交于VP1与开间6m点的进深连线，以求得空间2m进深的开间方向透视线；同时绘制求得空间4m和5m进深的开间方向透视线。(如图2—32)

(6)根据以上已知内容，将求得的VP1与开间6m点连线上各个进深单位划分点垂直向上做空间高度线，相交于空间右上方主透视线后再与VP1和高度4m点连线上各个进深单位划分点相连，求得空间顶面1m至5m进深的开间方向透视线。以灭点VP1为中心分别向空间左右两侧高度划分点作连线，绘制出1m、2m和3m高度的进深参考线；再以灭点VP1为中心分别向空间上下两端开间划分点作连线，绘制出1m至6m开间的进深参考线，从而完成开间为6m，高度为4m，进深为5m空间的“微动”成角透视由外向内标准作图的构图画面。(如图2—33)

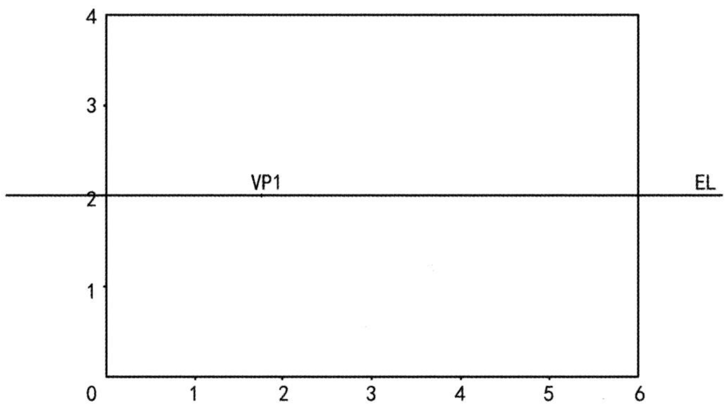

图2—28

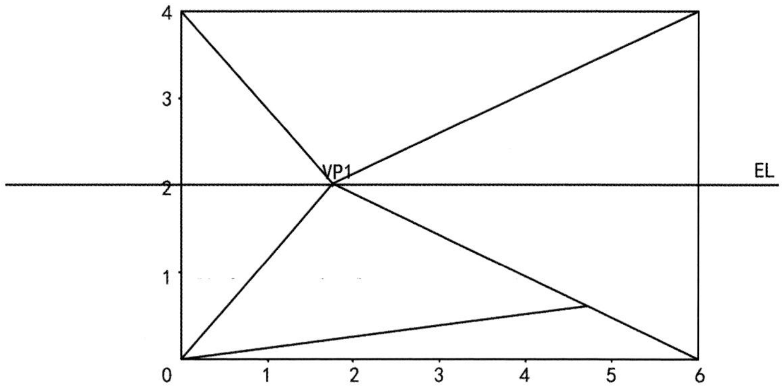

图2—29

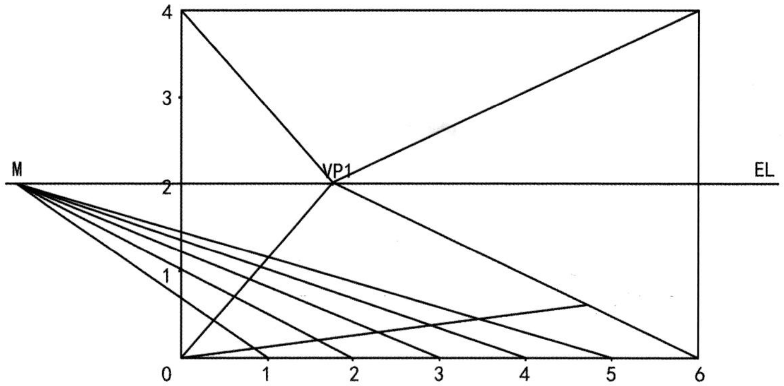

图2—30

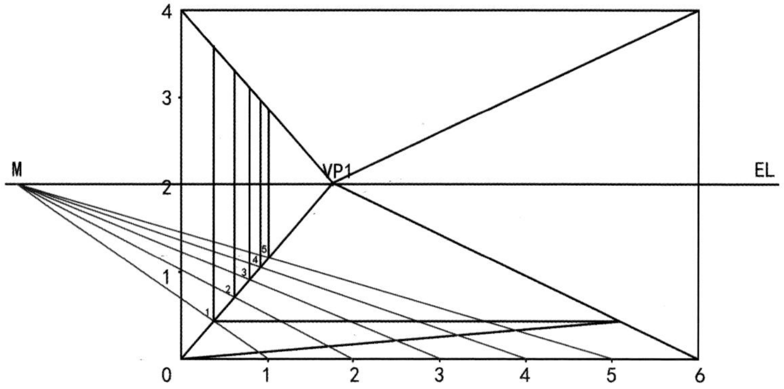

图2—31

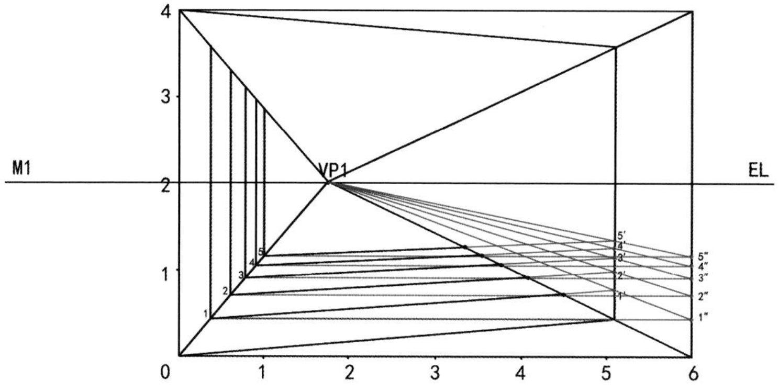

图2-32

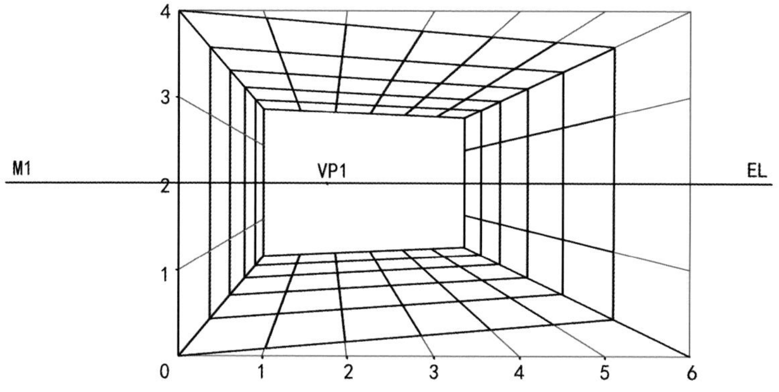

图2-33

四、成角非平视透视（三点透视）

1.成角非平视透视概念

成角非平视透视：亦称三点透视。当透视画面（透明平面）与直角六面体构成竖向下或下倾斜时的透视时，称为成角非平视透视。成角非平视透视有三个消失点，画面上所有物体向三个方向延伸在视平线上及垂直方向消失。根据观察景物的方向不同，成角非平视透视还可分为上倾斜透视（仰视）和下倾斜透视（俯视）。

2.成角非平视透视构图特点

动感强烈，纵线压缩明显，但人物表现难度较大，多被用来表现高大雄伟的建筑物。

3.成角非平视透视构图画面的画法

以下倾斜透视（俯视）为例（绘制开间为4m，进深为4m，高度为8m的空间）：

(1)已知视高线EL，在视高线EL下方确定形体空间原点0m。在视高线EL两端分别确定灭点VP1和灭点VP2，并分别与0m点相连。穿过0m点向两端作一条平行于视高线EL的水平辅助线，并以0m点为基点分别向两端进行划分。以0m点为基点垂直向下作辅助线，并在其末端确定灭点VP3（VP3定得越低，空间纵向透视越明显）。(如图2-34)

(2)在视高线EL上确定测量点M1与M2（本步骤可以参考前文“典型”成角透视画法),并分别与辅助线上的单位划分点相连，以求透视线上的单位划分。(如图2-35)

(3)用已求得的透视线上的单位划分点分别与灭点VP1和灭点VP2相连，以求得形体空间顶面开间（4m）方向与进深（4m）方向的单位划分网格(本步骤可以参考前文“典型”成角透视画法)。(如图2-36)

(4)将灭点VP1与灭点VP2相连，以0m点为基点作一条平行于灭点VP1与灭点VP3连线的辅助线，并以0m点所在水平辅助线的单位划分标准对其进行单位划分。以VP1到VP3的距离为直径作半圆并取中点S，以VP3到S的距离为半径画弧，与VP1、VP3的连线相交。确定其交点为测量点M3。以测量点M3为基点分别向平行VP1、VP3连线的辅助线上的单位划分点作连线，求得0m点到VP3连线高度方向上的单位划分。(如图2-37)

(5)以0m点与VP3连线高度方向上的8m单位划分点空间末端高度基点，分别向灭点VP1与灭点VP2作连线。分别用形体空间顶面开间与进深两方向上的4m单位划分点与灭点VP3相连，以求得开间为4m、进深为4m、高度为8m的形体空间外轮廓

线。(如图2—38)

(6)根据以上已知内容，将灭点VP1与灭点VP2分别向空间与0m到灭点VP3空间高度线上的划分点作连线，绘制出8m高度的开间、进深方向参考线。将形体空间顶面开间与进深方向上的各个单位划分点分别与灭点VP3相连，绘制出开间与进深上的高度方向参考线，从而完成开间为4m、进深为4m、高度为8m的形体空间的成角下倾斜透视（俯视）标准作图的构图画面。(如图2—39)

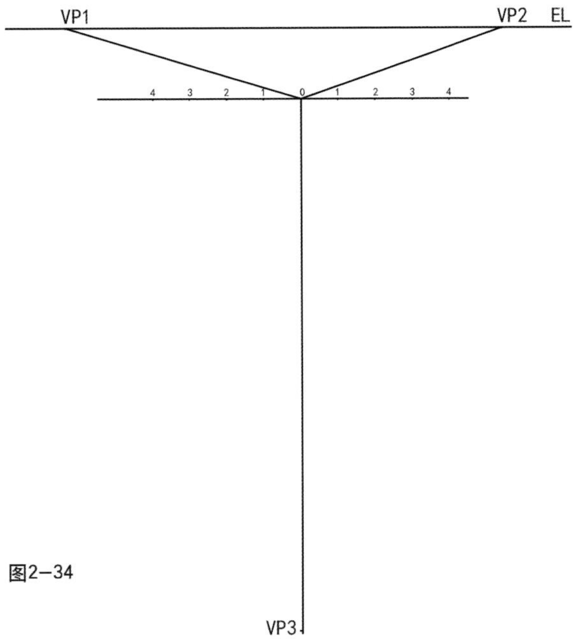

图2—34

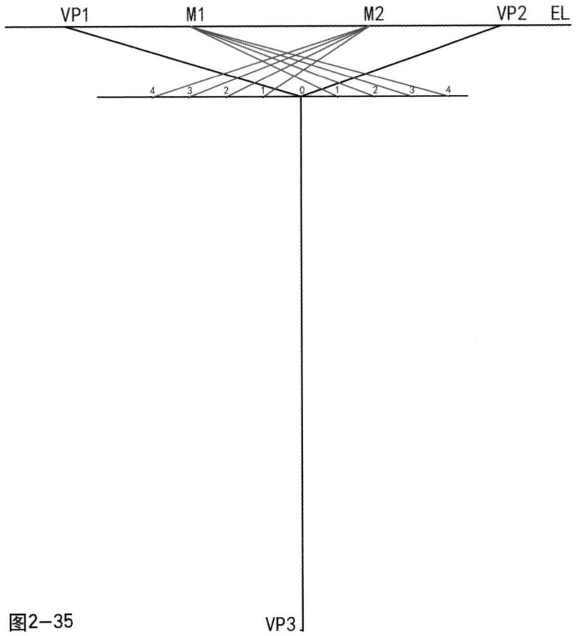

图2—35

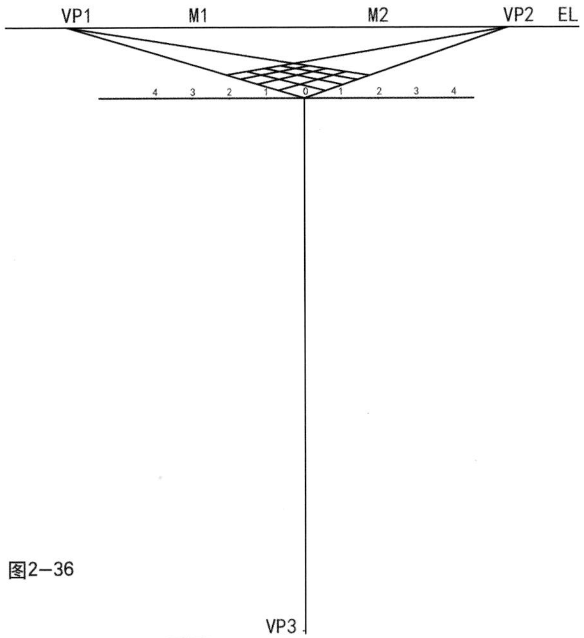

图2—36

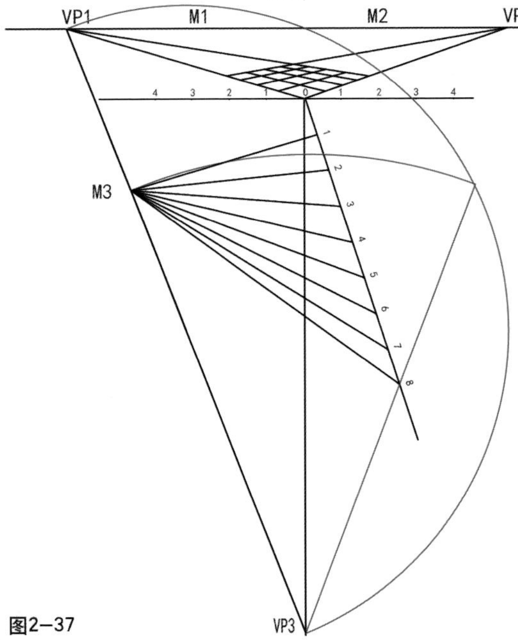

图2—37

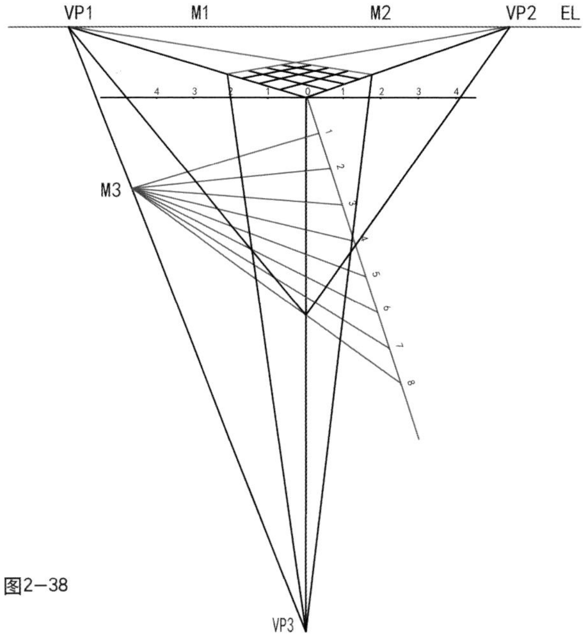

图2-38

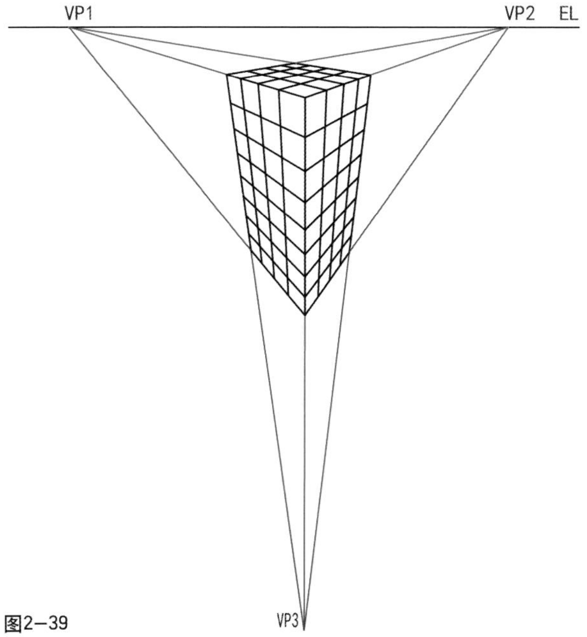

图2-39

第三章　手绘徒手画快速表现技法

第一节 钢笔（针管笔）快速表现技法

一、工具介绍

钢笔画工具具有简单、绘制方便，且表现力丰富等特点，一般有书法钢笔、自来水笔、针管笔、蘸水钢笔等。钢笔画出的线条有粗细变化，且富有弹性，概括、精炼、黑白对比强烈。在画面的处理上，弱化了繁琐的细微变化，更注重突出整体的黑白关系，使画面得到反差强烈、引人惊叹的效果。一个优秀的设计师能够在把握黑白对比强烈的大关系的前提下，兼顾黑白灰三者的关系，注重画面的层次关系，尤其是灰色部分，使其层次更加丰富、耐人寻味。一幅好的钢笔画更是线条流畅、用笔洒脱，或狂放不羁、或柔情满怀，给人以美的享受。

因此，钢笔画在手绘徒手画中占据着不可替代的重要位置，充分认识钢笔画及其特殊的处理手法，是所有设计师必学及必须具备的能力。

二、钢笔画的设计表现技法

线条是钢笔画的主要表现手法，熟练掌握、灵活运用、巧妙发挥，是钢笔画的主要基本功。同样是一幅钢笔画，有些人可以画得飘逸而稳定、极富韧性和张力，画面“入木三分”；而有人的画面则呆板、生硬漂浮。追其源头，区分一幅作品优劣，其根本是线的变化。在钢笔手绘图中，线的使用占据着非常重要的地位，线的运用是钢笔画的灵魂所在。

1.线条的特点及表现方式

意大利雕塑家米开朗基罗说：“……要感觉到笔随形转这一原则多么永恒，常用常新。”的确如此，独线不成形，一条线画得再好充其量也只是一条漂亮的线，不能表现任何物体，也没有任何存在的价值；几条线在一起，经过整合就形成了一个画面，这时候，线已不再是单纯的线，而是一幅作品。但对于一幅优秀的作品而言，还要研究线的组织方法，哪些是主要的，应该进行强化；哪些是偶然的，必须舍弃；哪些从整体考虑后是可以减弱的，使画面在线条分布上有疏密变化，在空间、形状上有大小的对比。

线在表现形体的时候，要注意表现物体的质感。物体的表面有光滑、粗糙、坚硬、柔软等，在表现的时候要运用笔来控制和表达。如线条光滑的实线表示质地坚硬；线条疏松的虚线则表示质地柔软；运笔转折带方形，表示硬；运笔转折圆滑，表示软；运笔快而流畅，表示活泼等。

2.线的训练

徒手画线是对一个设计师最基本的要求，一名优秀的设计师不但要拥有非常高的艺术修养，也要具备精湛的手绘技艺和技法。很多人对徒手画线具有畏怯的心态，觉得这是非常艰难的，甚至有些人怀疑自己在画线表达上有先天的缺陷。其实这些顾虑都是完全没有必要的，在掌握了正确的画线练习方法后，经过一段时间的反复练习，每个人都可以自如地画线。这当中最需要的是耐力和信心。

（1）直线训练

直线在手绘表现图中是应用最广泛的一种线条，所以直线训练是徒手画线的基础。徒手绘制直线可以分为“快画法”和“慢画法”两种方法。

在徒手绘制直线时，有以下三种常见的错误画法：

错误一：在画线的时候经常有意无意地进行涂改

错误二：在画线的时候倾斜、颠倒画线或画板，以顺从习惯的画线方向

错误三：有补笔、蓄笔、甩笔、荡笔等不确定的习惯

（2）弧线训练

弧线训练主要体现在速度、尺度、平衡、弧度、方向等。

要领一：熟练灵活地运用笔与手腕之间的力度，使画出的线条尽可能流畅。

要领二：由于曲线本身就有飘逸、轻绕的情感特征，在表现过程中要注意笔触，不要给太多力。

要领三：画曲线要做到心中有“谱”，起笔、转折、停顿要做到心中有数。

（3）组合线训练

①轮齿线训练

具有很强的随意性，用笔灵活多变，线条具有一定的不规则性。画线不求快，更不能按固定的模式反复。（如图3-1）

图3-1

②锯齿线训练

速度略快，要保持平稳、长短不一，讲究自由进退效果，整体保持统一。（如图3-2）

图3-2

③爆炸线训练

类似锯齿线，整体轮廓是放射性的，但要尽量避免“套索”现象的出现。（如图3-3）

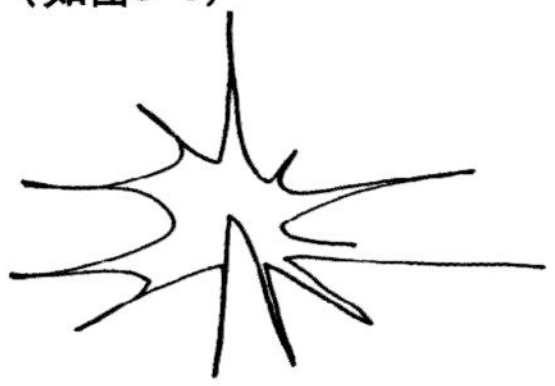

图3-3

④水花线训练

体现用笔的灵活度，以曲线形式为基础，提高对自由曲线和流线的适应。（如图3-4）

图3-4

⑤波浪线训练

刻意地强调轻重缓急，线条压力要有轻有重，呈现较为匀称的效果。（如图3-5）

图3-5

⑥骨牌线训练

由多条短线排列组成，形态像连续倒下的骨牌，分为长短不一的组，很有序列感；其变化主要是疏密变化，在手绘效果图中应用极为广泛。（如图3-6）

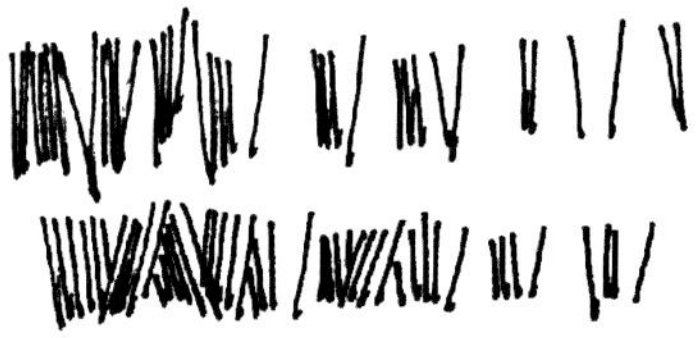

图3-6

⑦稻垛线训练

由多组排列的短线交错叠加，多用于植物或者植物的表现。（如图3-7）

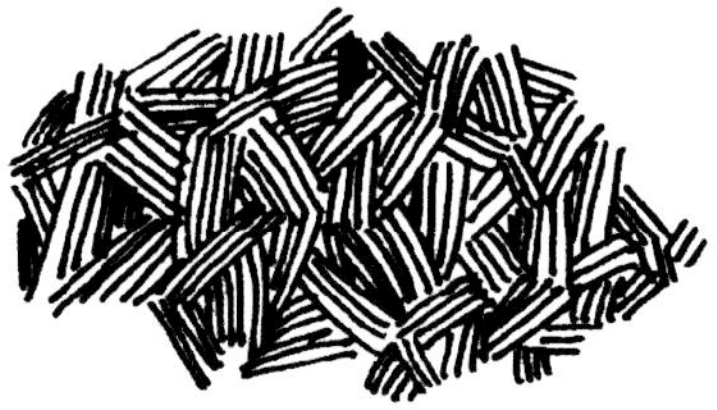

图3-7

⑧弹簧线训练

随意性很大，多用于快速设计表现技法，属于“乱笔”一类，笔法往往随画者心情而定。（如图3-8）

图3-8

第二节 马克笔快速设计表现技法

一、马克笔工具简介

马克笔是手绘效果图快速表现的较为理想的主要表现工具之一。其凭借色彩剔透、着色简便、笔触清晰、风格豪放、成图迅速、表现力强等特点，成为近几年来较为流行的手绘表现工具。

马克笔又称麦克笔，有单头和双头之分，且品种较多，学习者可根据自身情况选择不同价位的产品。在练习阶段我们一般选择价格相对便宜的水性马克笔。根据个人情况最好储备二十种以上，并以灰色调为首选，不要选择过多艳丽的颜色。

马克笔有油性和水性之分。油性马克笔笔头较硬，画出的笔触准确硬朗，并可重复叠色以获得最终效果；水性马克笔可溶于水，颜色鲜亮且具透明感，但不宜重复叠色，免得造成画面的脏乱。（如图3–9）

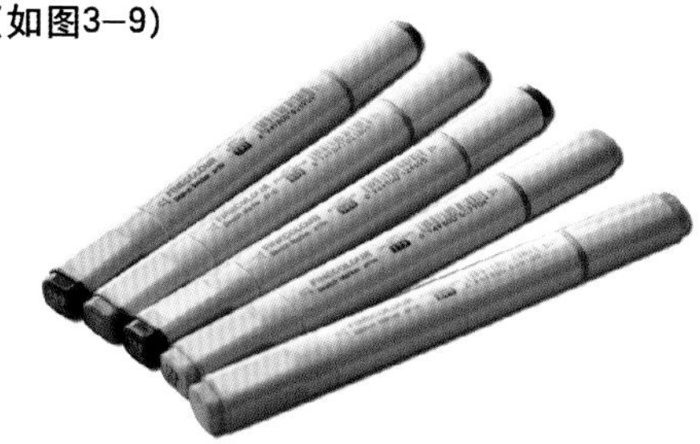

图3–9

1.色彩的混合与叠加

马克笔颜色种类众多，但有时也难以满足色彩丰富或颜色独特的画面。为了得到画面所需要的颜色，达到更多的色彩效果，我们用时可以将马克笔的颜色进行叠加和混合。马克笔的叠加和混合，因其先后顺序及干湿程度的不同，产生的效果也随之改变。但色彩的混合，并不意味着无序的叠加，要通过大量的练习进行色彩的整体把握。

2.线条与笔触

绘制马克笔效果图，需要掌握准确的透视、严谨的结构、和谐的色彩、娴熟的笔触。笔触的排列与组合，是学习马克笔面临的首要问题。马克笔因为颜色艳丽，线条生硬使初学者无从下笔，或下笔后笔触排列混乱、松散，导致形体结构不稳定，色彩没有主次、脏乱。马克笔的笔宽也是较为固定的，因此在表现大面积色彩时要注意排列的均匀，或是用笔的概括，在使用时，要根据它的特性发挥其特点，更有效地去表现整个画面。所以要熟练地掌握和运用马克笔的笔法，对线条要合理安排和运用，这样才能绘制出优秀的马克笔效果图。

二、马克笔作图步骤

马克笔技法表现可以根据表现工具的不同特点，结合其他绘画表达技法，进行效果图的整体绘制。

第一步：线稿绘制

线稿绘制时要注意线条的主次。由整体到局部，抓住重点，注重线条在画面上的比例分配。

第二步：整体铺色

首先确定大色调，然后强调画面的次重色与最重色。注意调整画面对比相对强烈，再尝试调和画面整体的虚实关系，同时突出线条与笔触的魅力。

第三步：细节调整

这个阶段一方面是要调整局部，对形体及材质进行深入雕琢，丰富画面层次感。强调细节部分的刻画，并要保持画面的整体平衡。调整大关系，强调主体，弱化次要形体。

效果图上色注意事项

1.马克笔绘画步骤与水彩相似，上色由浅入深，先刻画物体的暗部，然后逐步调整暗、亮两面的色彩。

2.马克笔上色以爽快干净为好，不要反复地涂抹，一般上色不可超过四层色彩，若层次较多，色彩会变得乌钝，失去马克笔应有的神采。

第四章 手绘单体室内与室外表现

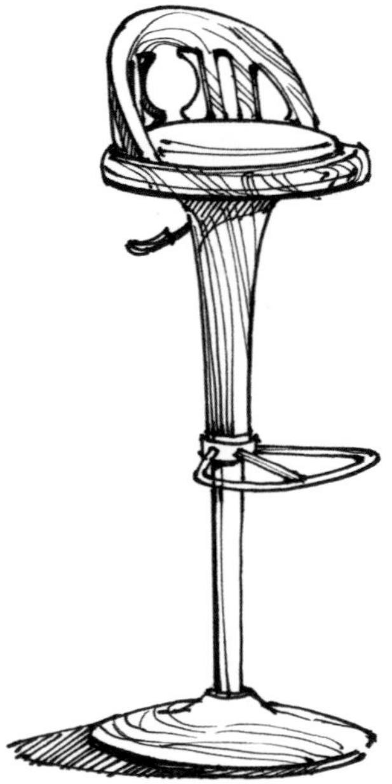

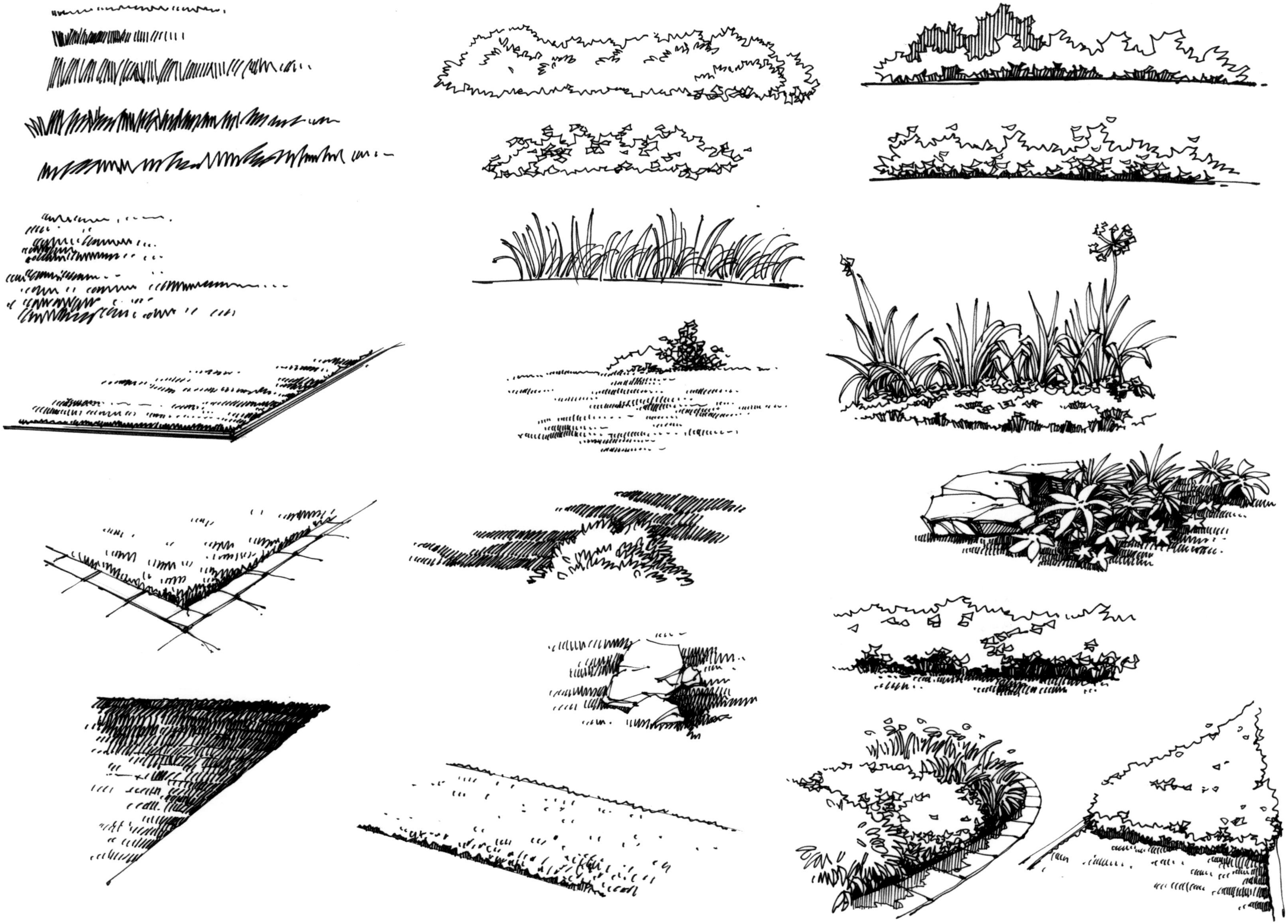

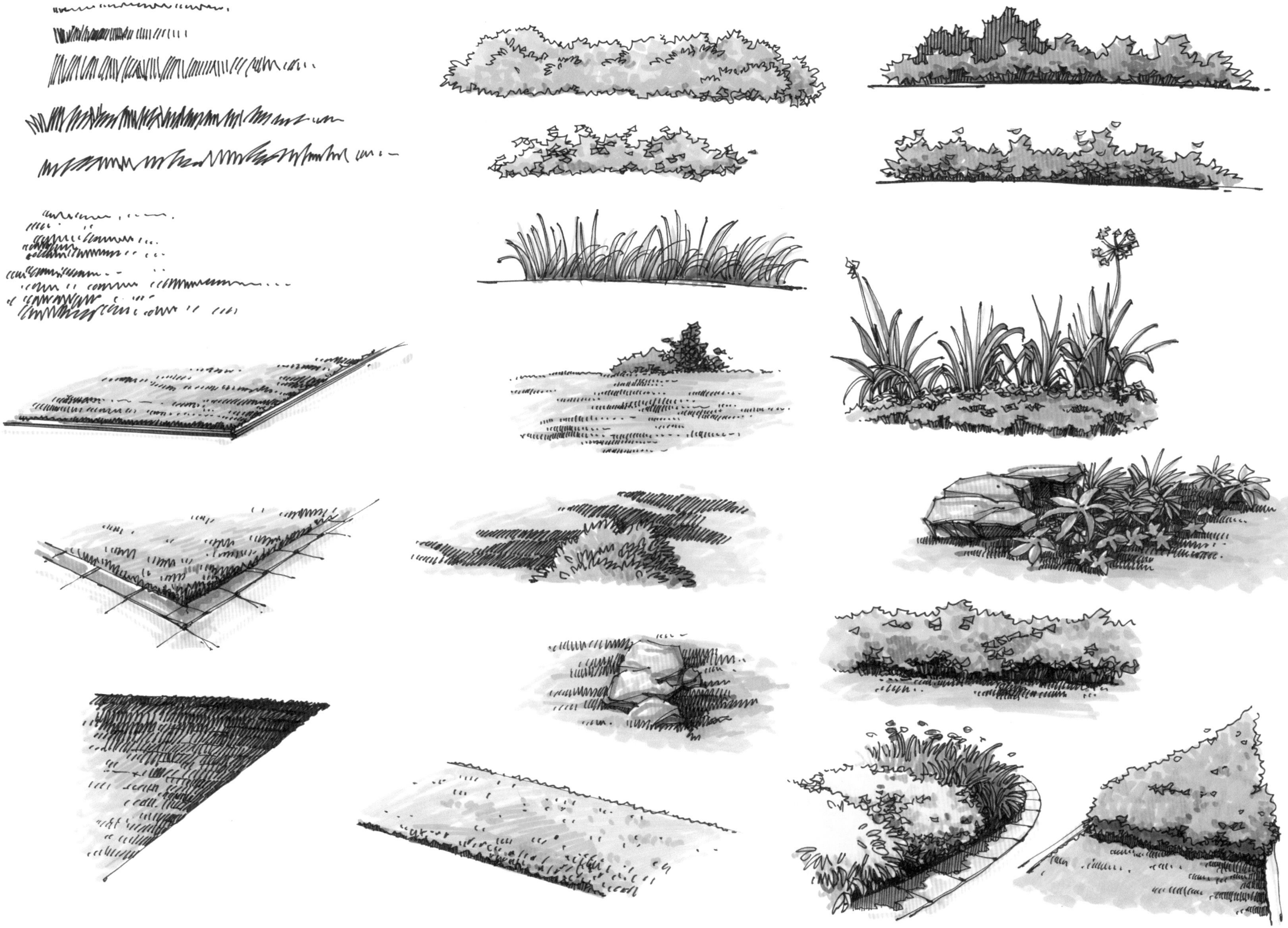

富士

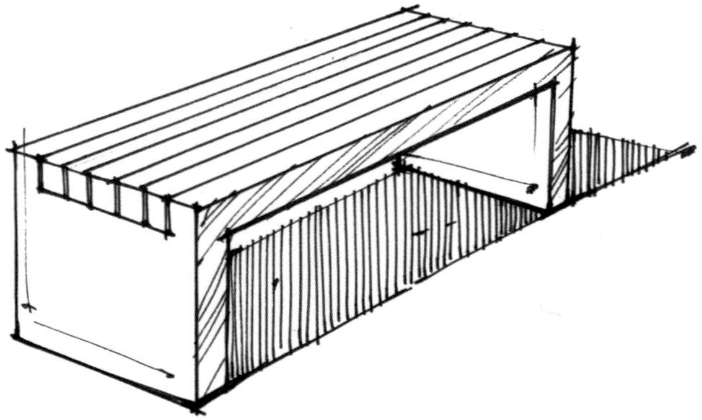
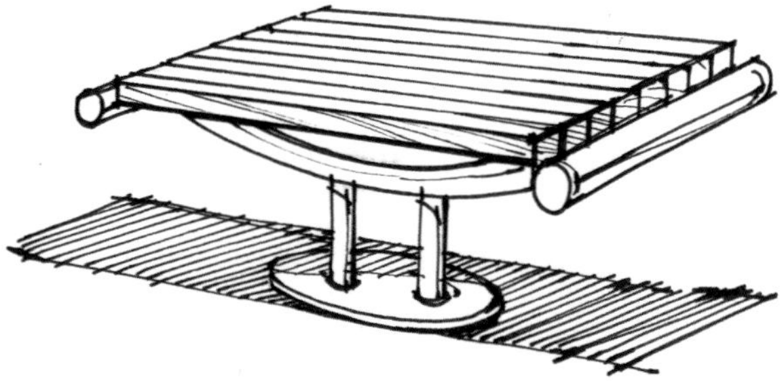
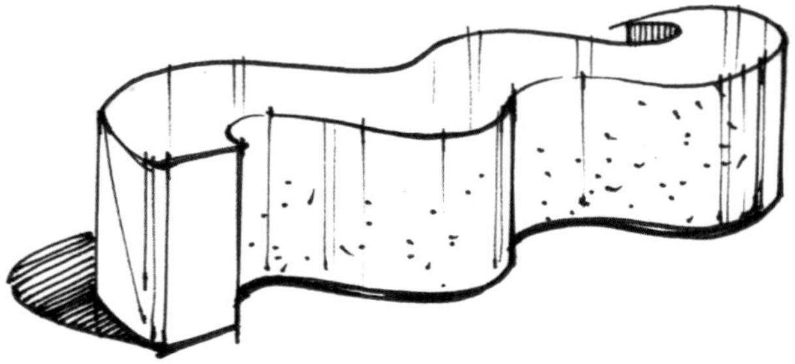
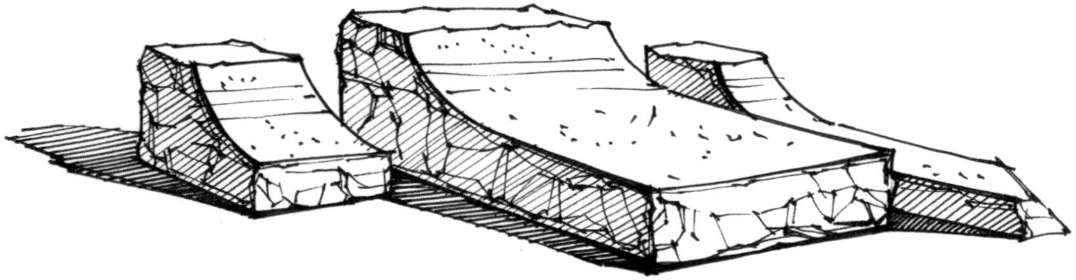
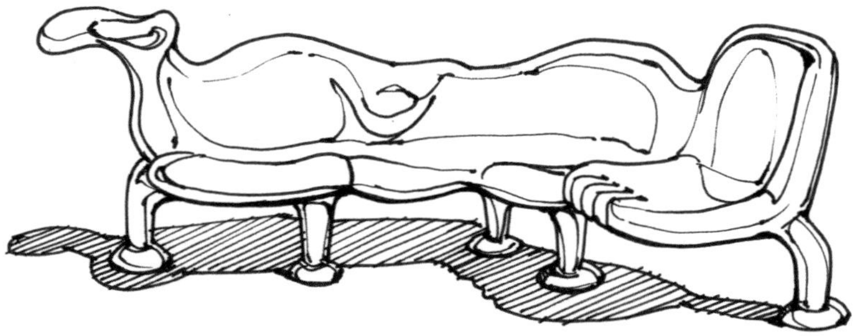
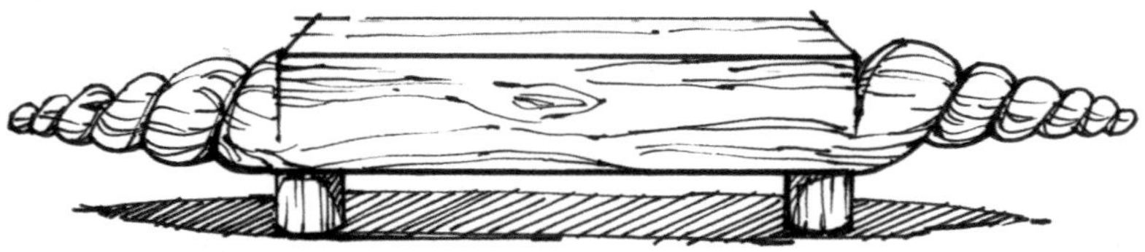
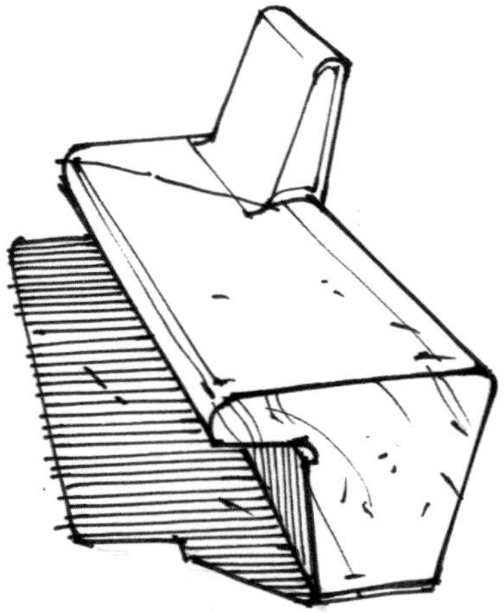
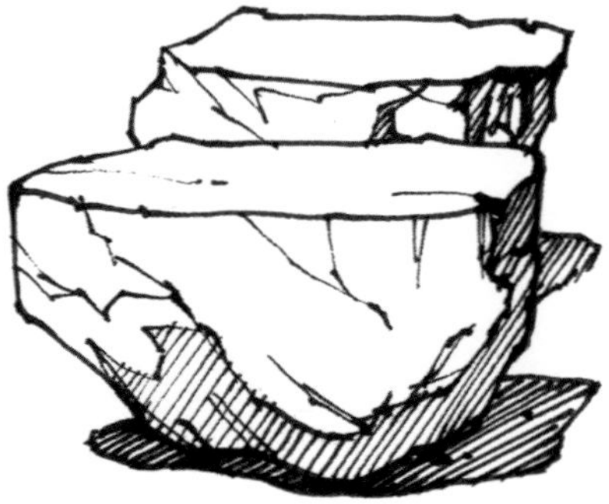
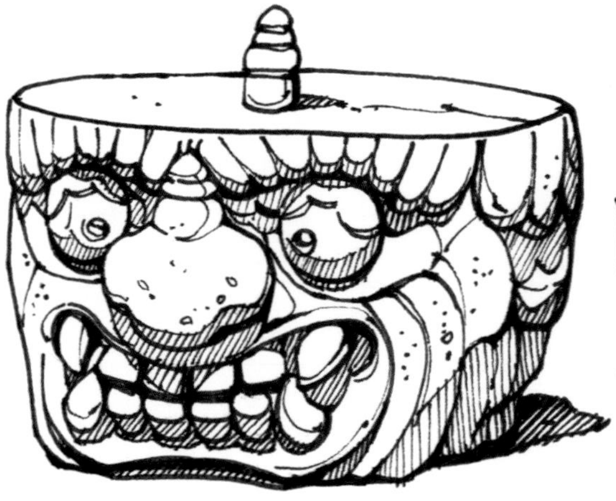
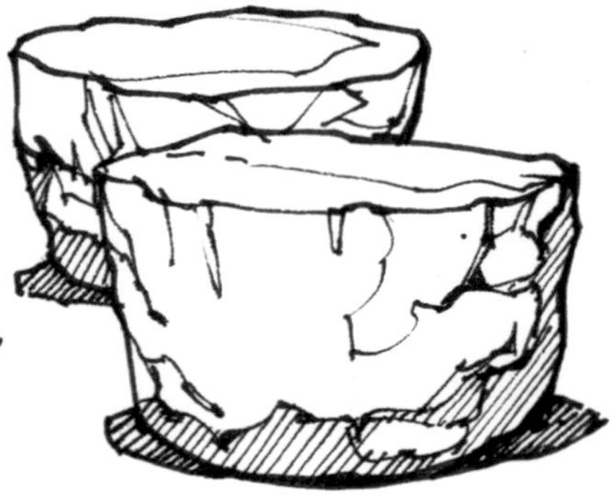

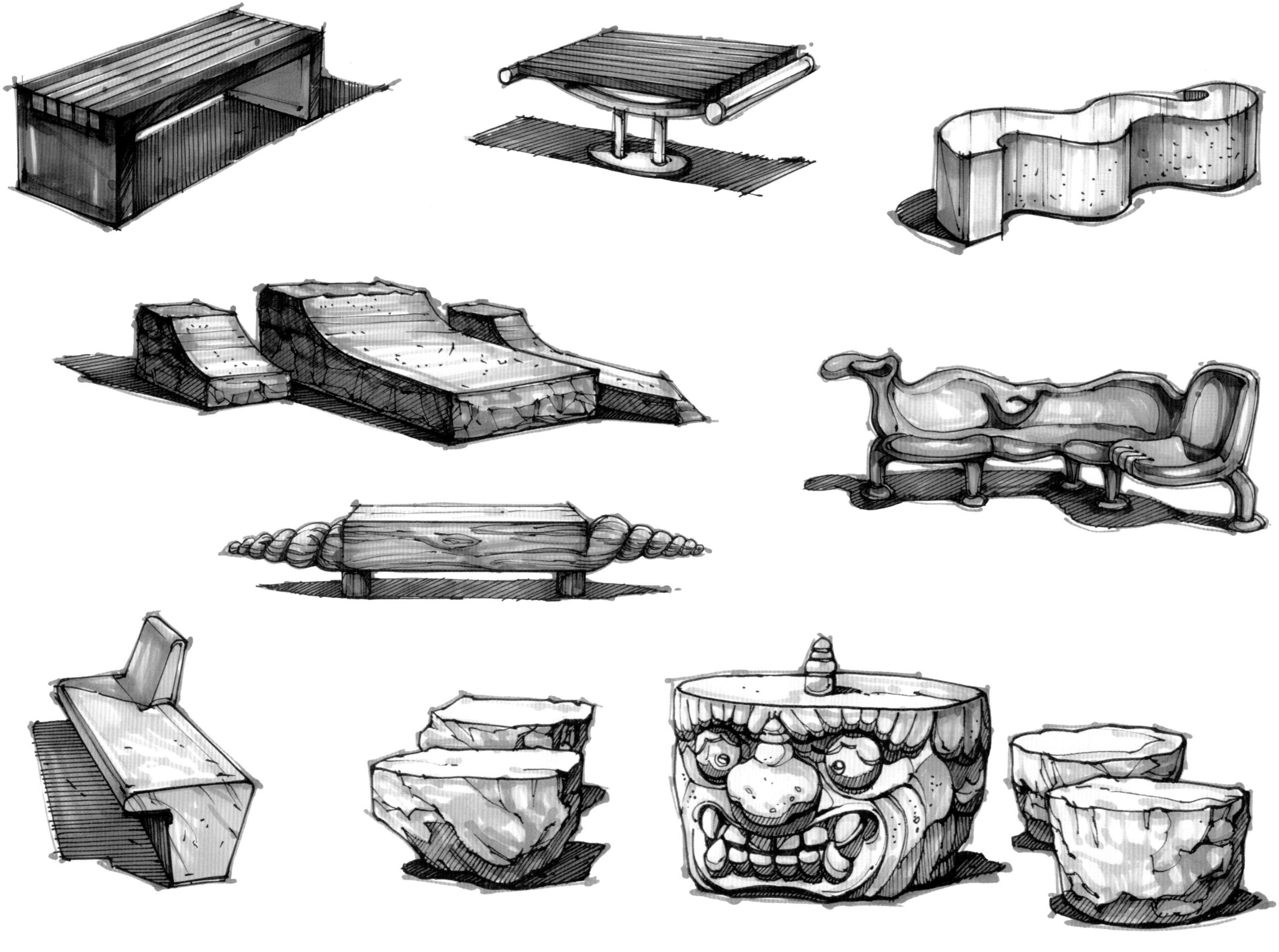

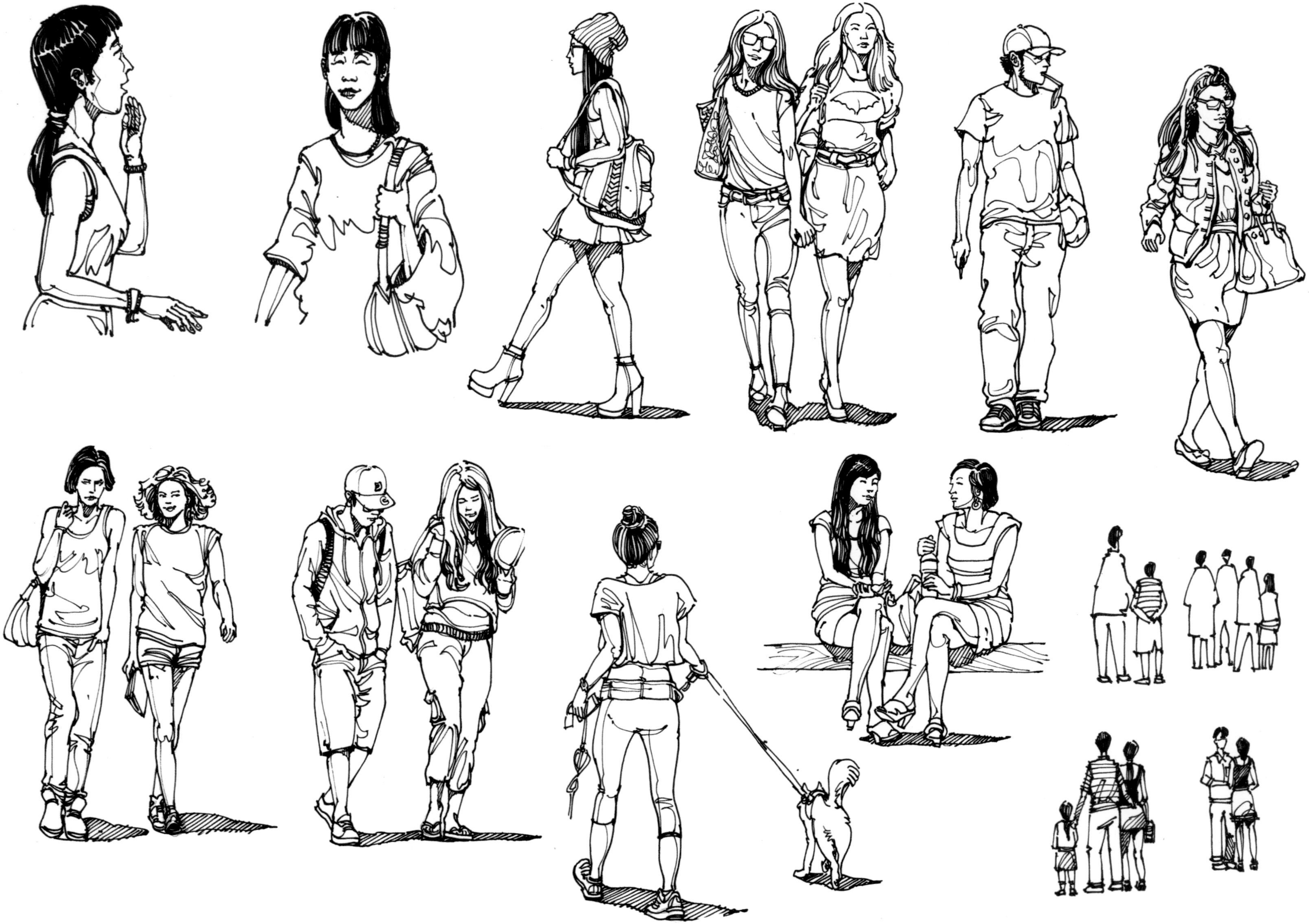

第五章 手绘步骤表现

钢笔线阶段

钢笔线的练习其核心就是多画，控制手脑眼的协调，才能达到爽快潇洒的下笔效果。
这里马头是主体，需要画得精细些，别的可以适当地放放用线，下面具体说说颜色的用法。

上色阶段第一步

选好第一个要画的东西，正常情况也就是你做设计的主体或者临摹的图中的主体。或者你有更好的想法，需要去表达你所需要的意境，那就从最想表达的东西入手。这里选择画的这个铜质感的马头，锻炼黑白控制能力，对比上也是最强的一个实物。

第一个颜色很重要，因为它决定这个东西的整体色调基础，笔触要潇洒。大家可以把马克笔当成一个巨大的钢笔，这样就很容易控制用笔的爽快与潇洒了。

其次切记要留出适当的白色空间，这样你画下一个颜色，或者画坏后也能有调整空间。

上色阶段第二步

看图片，它的亮部其实是有淡淡的蓝、紫、绿等等，这个根据每个人的色彩感觉来决定，如果感觉看见了红色，那就用红色大胆地画吧。

这一步的颜色是平衡冷暖的一个颜色，所以不要选择的太深，免得以后再改不好改，这两个颜色用笔上会有交叉，出来的颜色肯定会是脏色，不要怕，只要干净的单色比交叉的颜色多，整体色彩感觉就不会是脏的颜色了。还有就是依然要控制黑白。

上色阶段第三步

看图片，把所看见的亮部的过渡色画上去就可以了，技法上就是钢笔线的技法，顺着结构来，让大家多多练习的原因就是马克笔其实挺简单的，钢笔的技法加上自己的色彩感觉，用马克笔多了自然就不抖了，自然就不会那么犹豫画不准或画多画少了，结果就是越画越潇洒了。

其次要注意的是自己的用笔，不要拿根笔就不放，心情再不好也要点到为止，后来哪里没有画到，在最后调整的时候补上即可。

上色阶段第四步

看图片，这个阶段要画马头的固有颜色黄铜色了，选好一个要用的笔，这个时候需要在纸上多多试验，切记不要选过艳或过暗的颜色，比实际看到的颜色要中性一点儿，给日后留有余地，这样哪里需要更亮的颜色可以叠加亮色，不至于画得颜色过于曝，自己多试验，就能找到适合自己的颜色，还有，马克笔要多，少的话无法画成这样的色彩感觉。

上色阶段第五步
看图片，这个阶段要画比较深的黄铜色暗部了，还是要保证用的是所看到的大概整体颜色，在这里适当地加了些紫色的边缘，因为褐色配合紫色能好看些，也是个人的爱好，画多了也就找出自己的习惯用色，画得再糟糕也能扭转过来。
越到后面画的笔触越少，越准确和细致。虽然不知道继续画下去能否画好，但要对自己有信心，这样就算画坏一张，也能知道自己是在哪一步画坏的。

上色阶段第六步
看图片，这个阶段找和所看到的颜色有关系的所有马克笔开始叠加吧，要注意不要深浅和冷暖过渡太明显，这就是所谓的色彩变化了，最终你会发现马克笔多是件非常开心的事情！

上色阶段第七步
看图片，在之前的阶段大概的色彩感觉已经完成，接下来加入所看见的一切环境色和想表达的某种意境的颜色吧，切记一定要选最淡的。

上色阶段第八步
看图片，这个阶段最后调整主体物的整体深浅关系，根据素描上对黑白灰的感受和看到的环境色感受适当地加细节、深浅和冷暖色吧。需要注意的是，如果没有丰富的色彩感觉不可乱加，走素描关系比较靠谱些，如果感觉色彩关系比较好，可以尝试增加些意境的点缀。

上色阶段第九步
看图片，最后阶段的辅助环境可根据图片的颜色进行大面积的描绘，根据要表现的意境来取舍画面需要画到何种深度，需要注意前后关系和虚实关系。

第六章 钢笔线示范表现

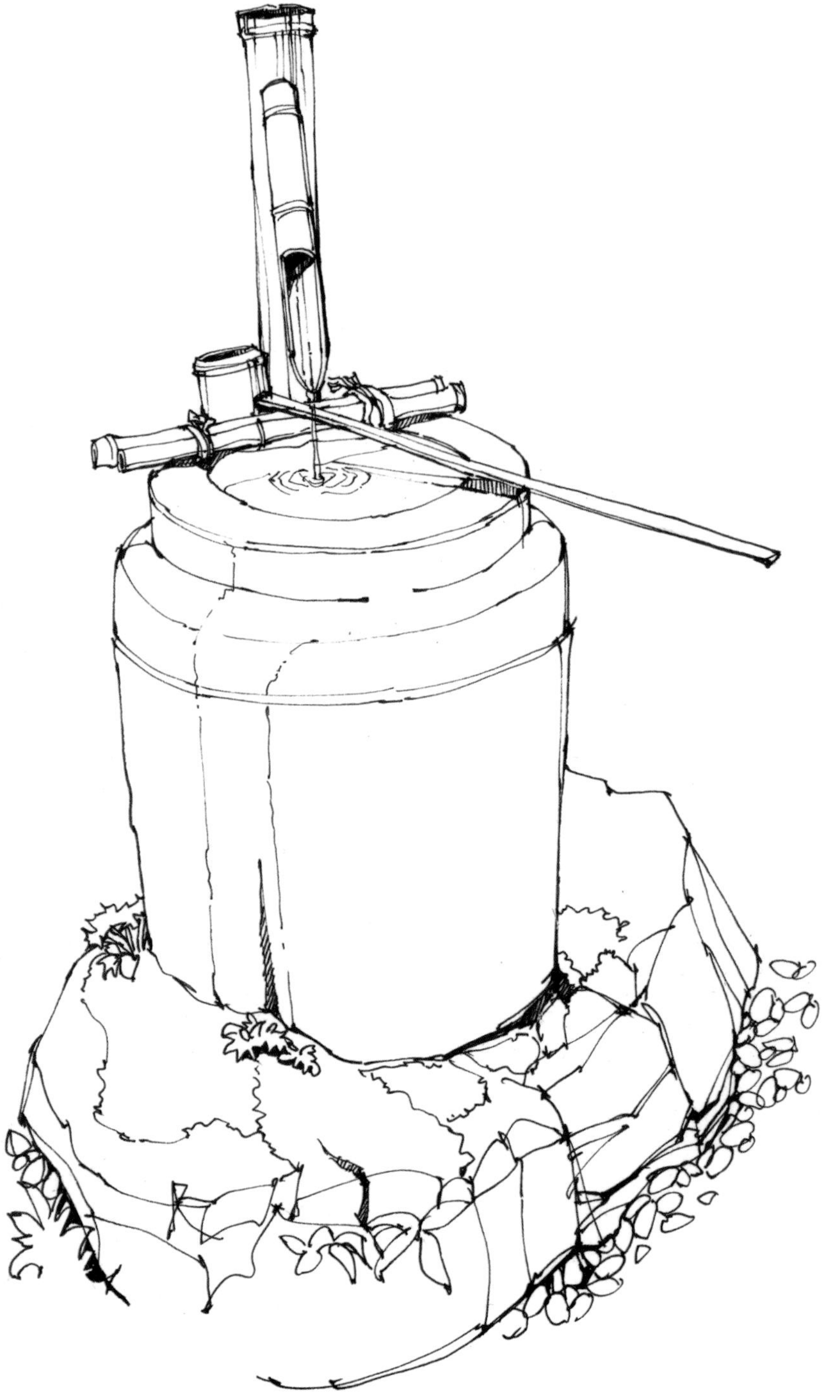

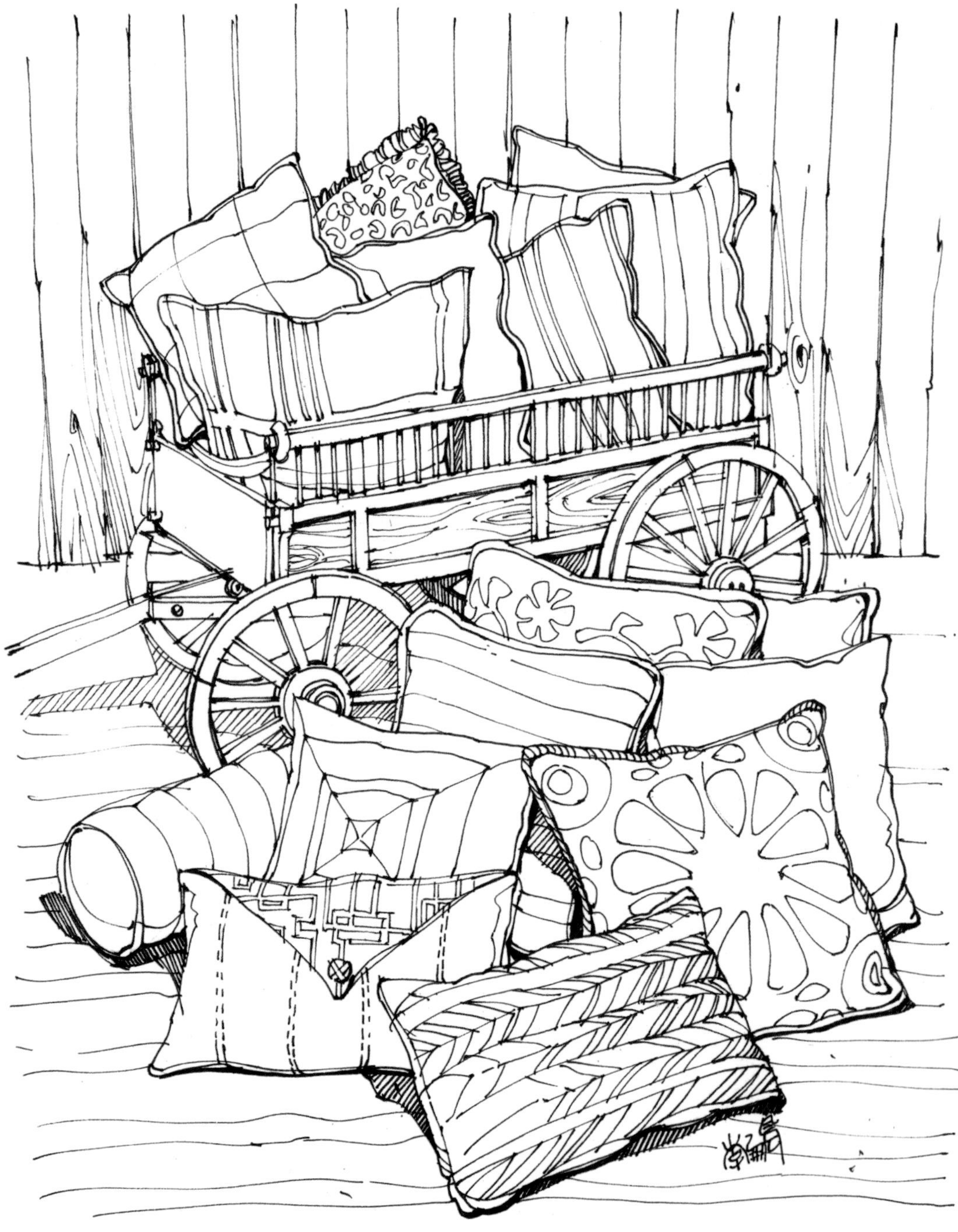

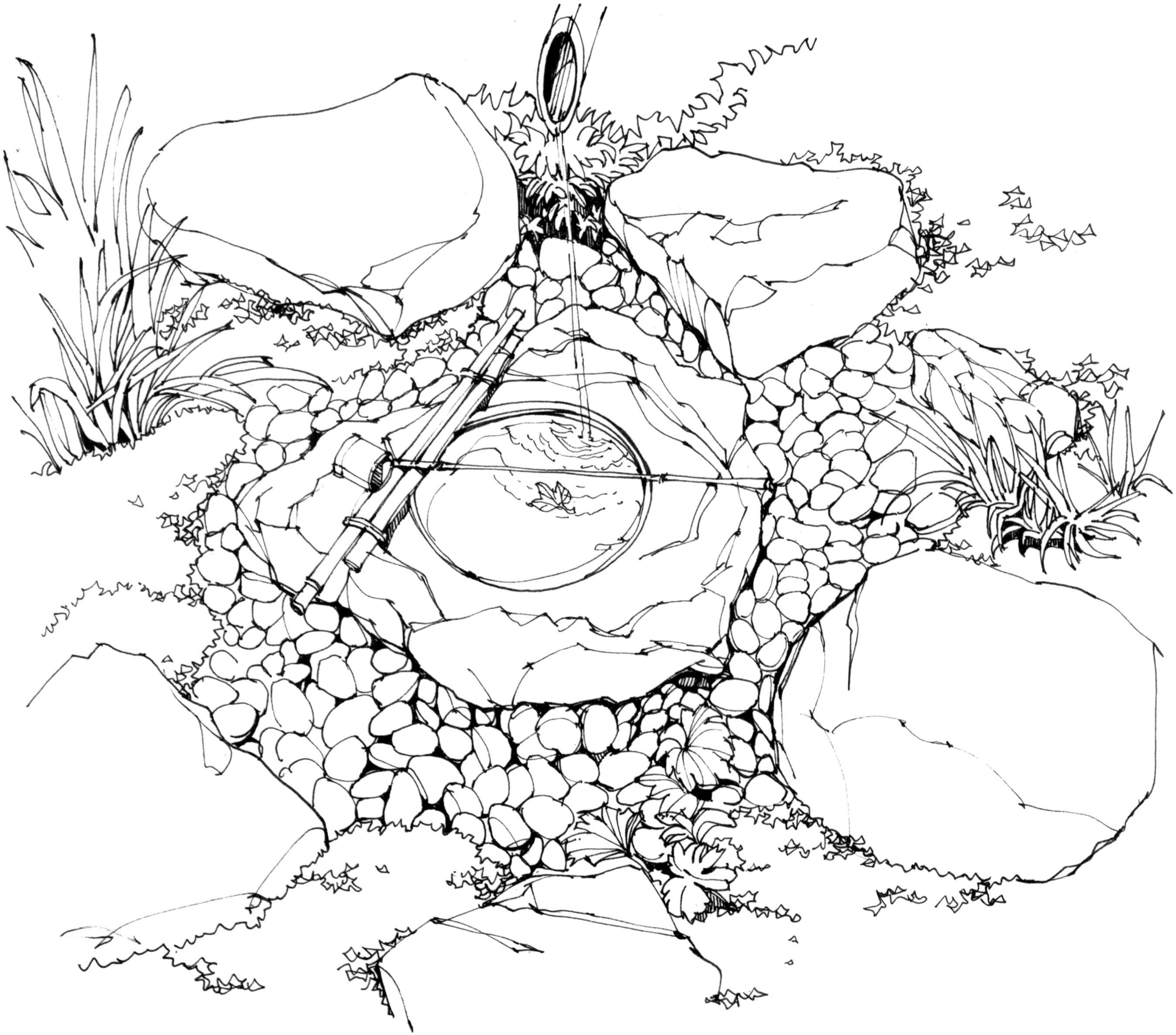

JUST DO IT
IT'S COMING BACK
LOVE THIS GAME

2013、5、25、

CRAG HOUSE
CRAG H
CRAG HOUSE

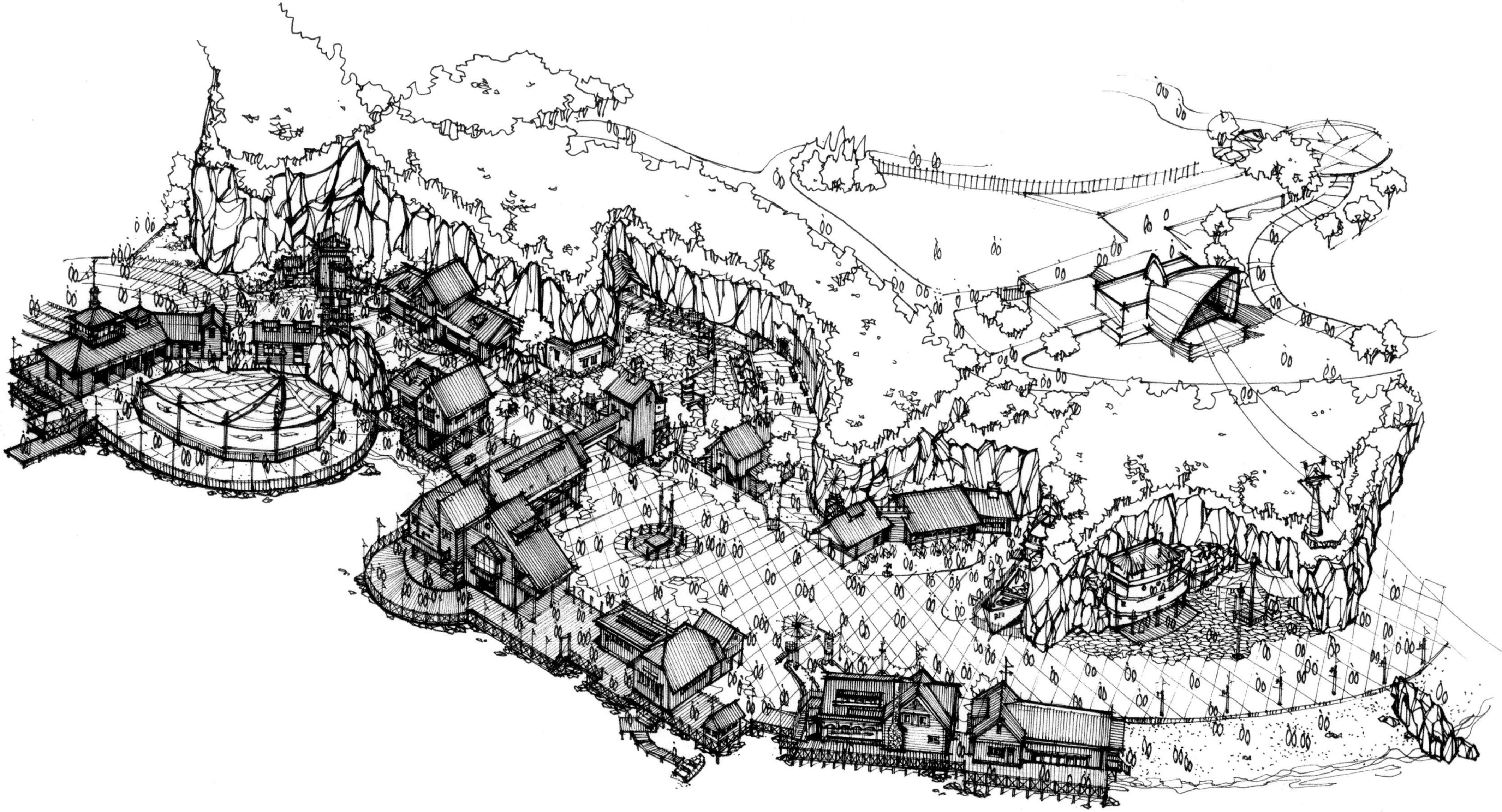

第七章 钢笔与着色对比表现

2009.12.10

.2009.12.10

2009.12.11

2009. 12. 15.

27

2009. 12. 15.

CHILD AMUSEMENT PARK
HAPPY

CHILD AMUSEMENT PARK
HAPPY
12.26

2009.12.6.

2009.12.31.

2009.12.31.

2009.12.18

HOSS THOT
SuperMakeT
2009 04 08

2013.5.9.

2013.5.9.

3.27.

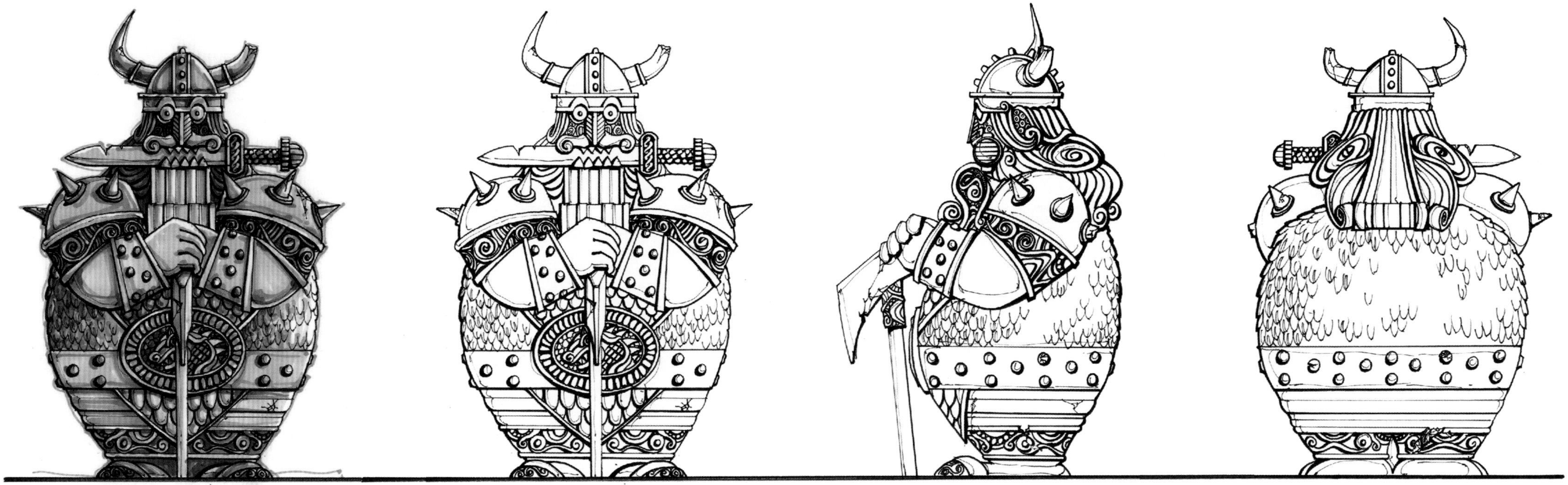

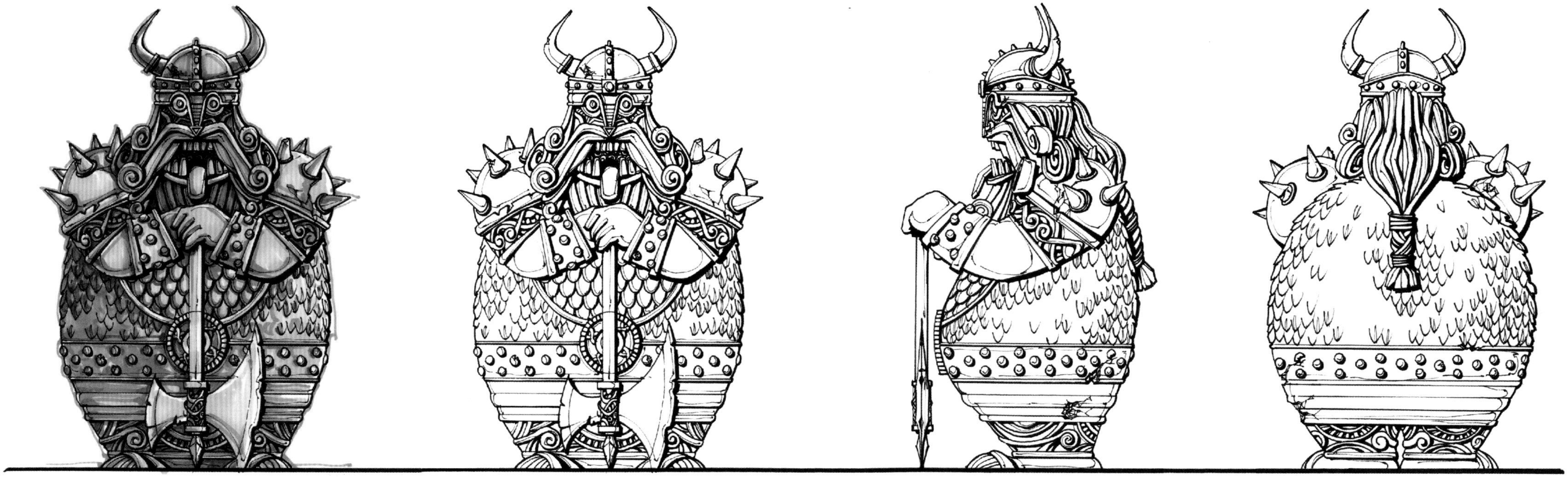

3. 22.

9.5M

9.5M

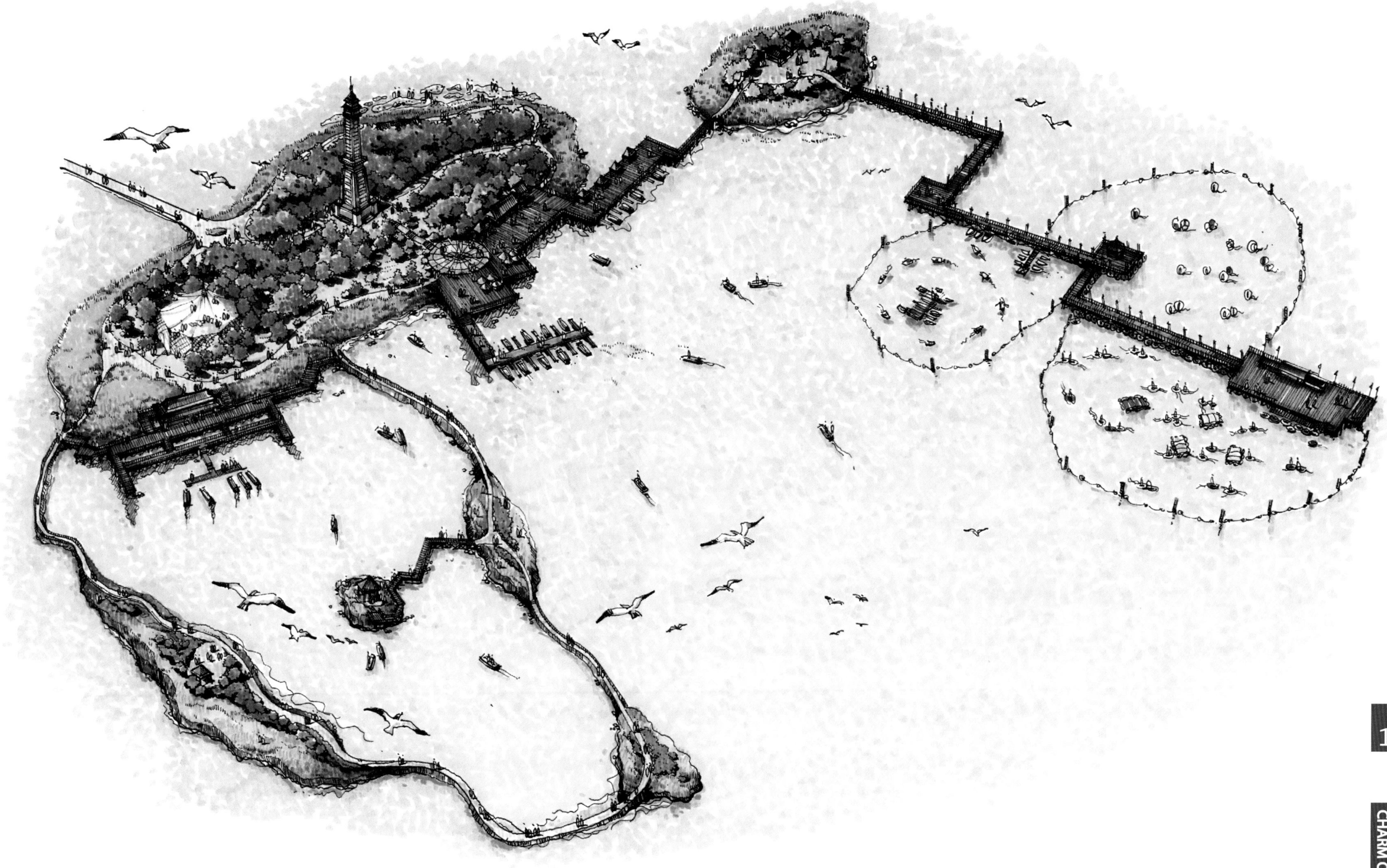

第八章 室内与室外手绘作品欣赏

Swatch
BALLY

2012.6.30.

2012.6.25.

2012.4.

2012. 4.

2012.7.4.

2012.6.31.

2012. 7. 4.

2012.7.8.

2011. 7. 12

STOP
20
2012.4

2012、7.18、

PHOTOGRAPHY
2010.3.22.

2001.11.22.

CANDY
SHOP

MAGICCASTLE

MAGIC

MILK

2012.5.27.

2012.5.27.

2012.5.23.

2012.5.27.

2012.5.26.

2012.5.23.

2012.5.23.

2012.5.23.

2012.5.26.

2012、5、28、

Dalianforest
ZOO
大连森林动物园

3D PARK
TOM
4D
STUDIOS
4D

HAPPY
CAFE
2010.11.25

STAR

三國樂
2010.10.31.

茶
三国志

朝陽沟風景區
朝陽沟風景區
丹鳳朝
3STAR

zhongshan
SEAWORLD
入口
09.11.27.

WEST
DEER
西部鹿场
2012.9.27.

2010.3.13.

2010.10.31

2011.6

2012.7.6

2010.10.31

諸葛

FIRETRUCK

2010.12.28

PENGUIN
2011.5

2001. 03. 21

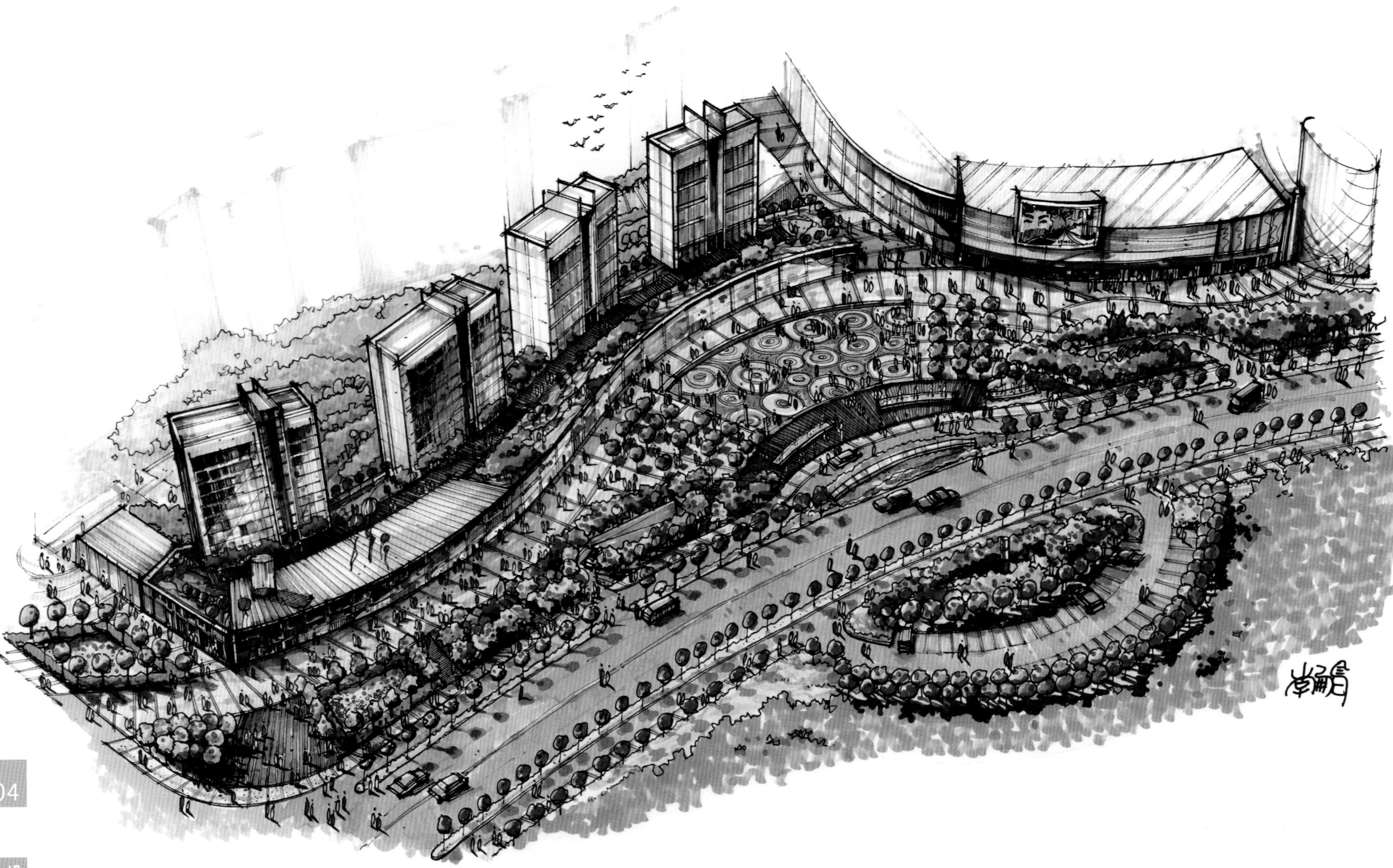

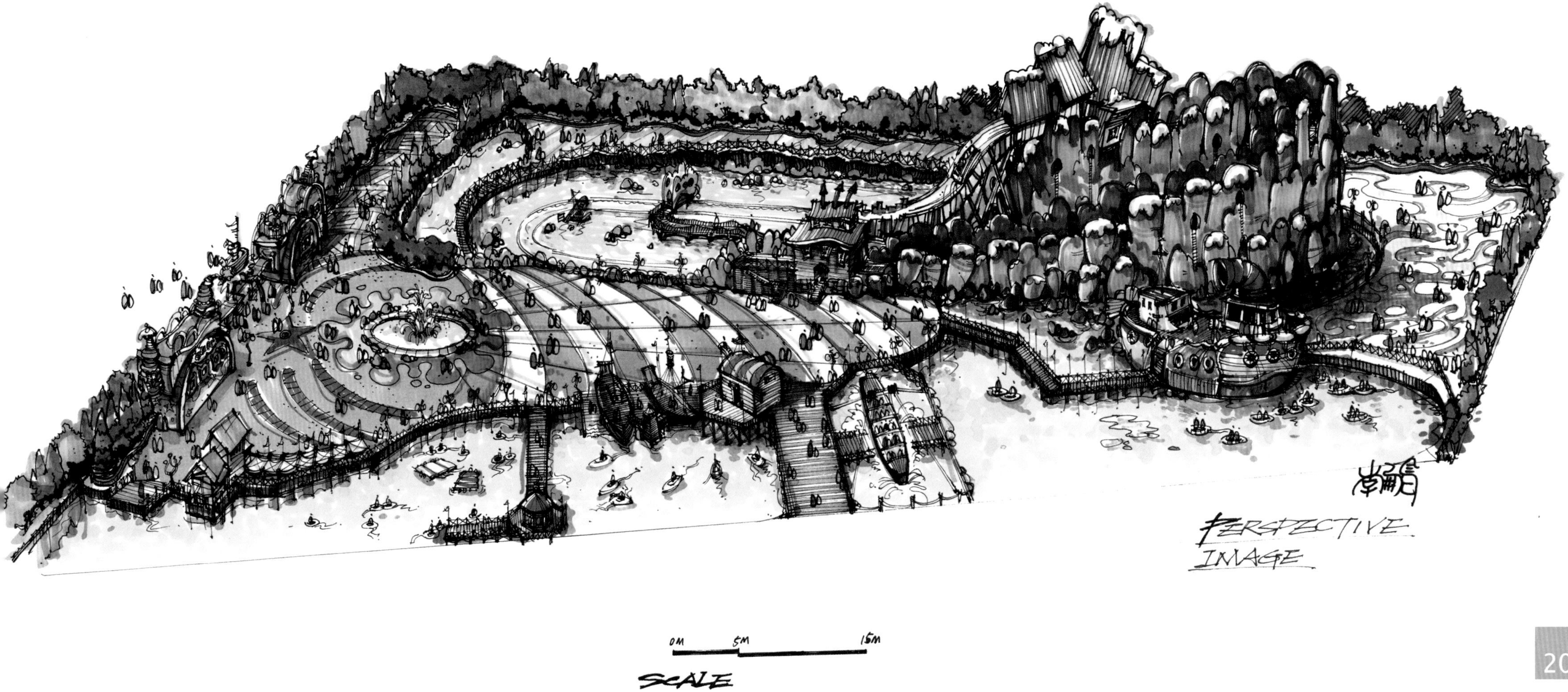
PERSPECTIVE
IMAGE
0M
5M
15M
SCALE

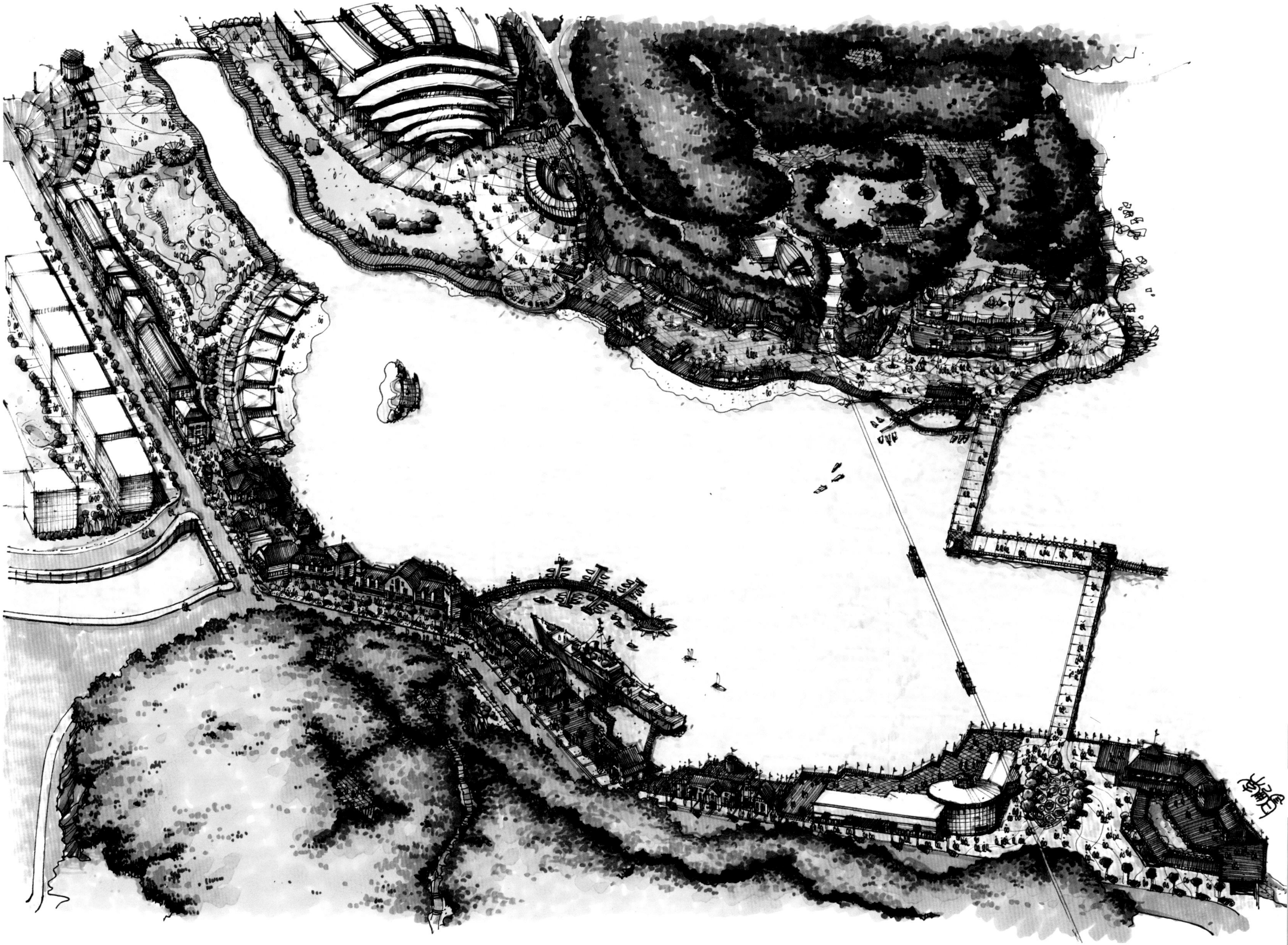

SCALE 1:150

SCALE 1:150

SCALE 1:150

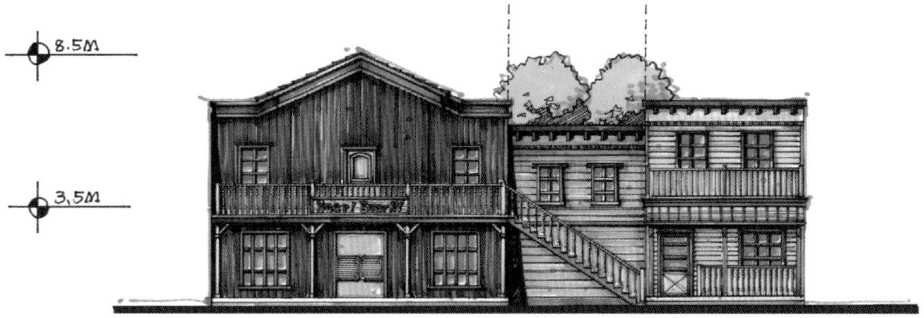

SCALE 1: 150

SCALE 1: 150

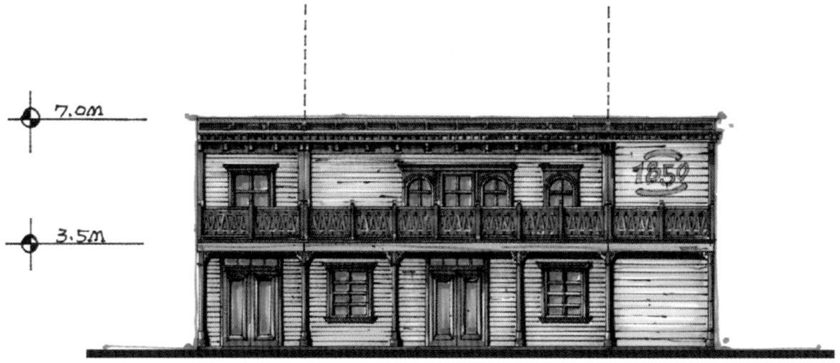

SCALE 1: 150

SCALE 1: 150

SCALE 1:150

SCALE 1:150

SCALE 1:150

SCALE 1:150

SCALE 1:150

SCALE 1:150

SCALE 1:150

SCALE 1:150

8.6M
3.5M
SCALE 1:150

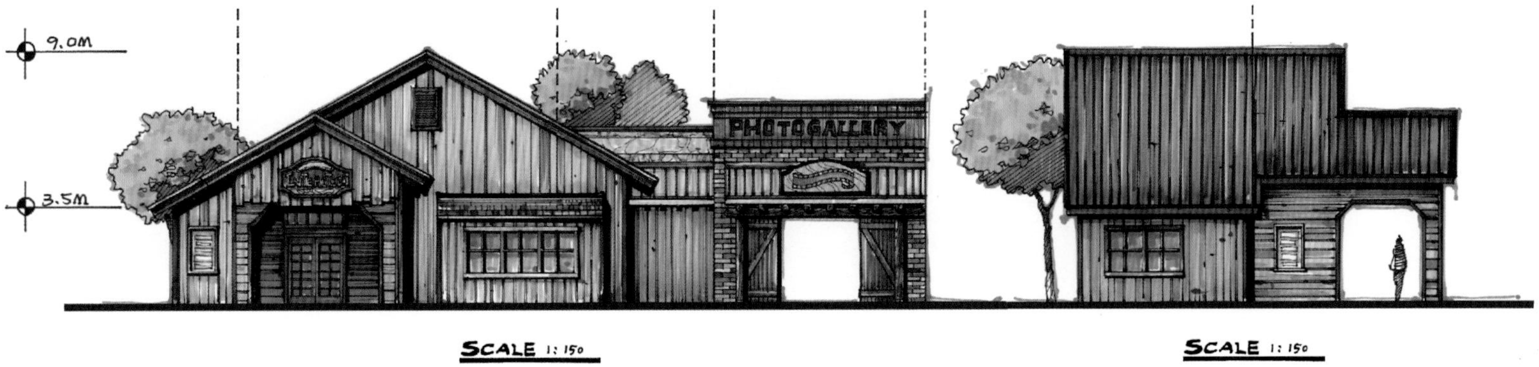
9.0M
3.5M
PHOTOGALLERY
SCALE 1:150
SCALE 1:150

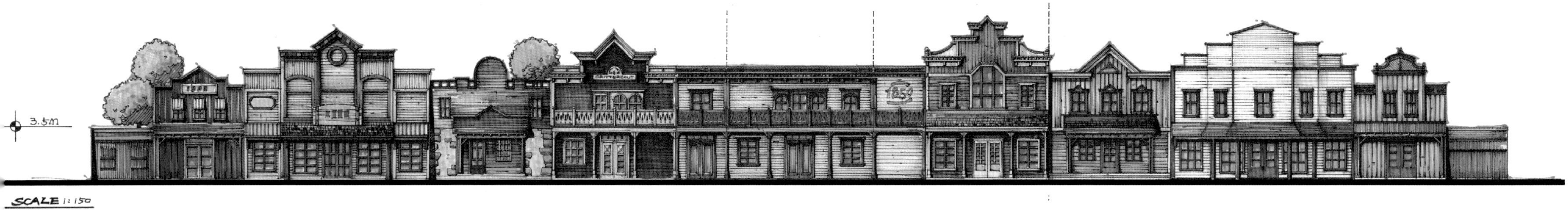
3.5M
SCALE 1:150

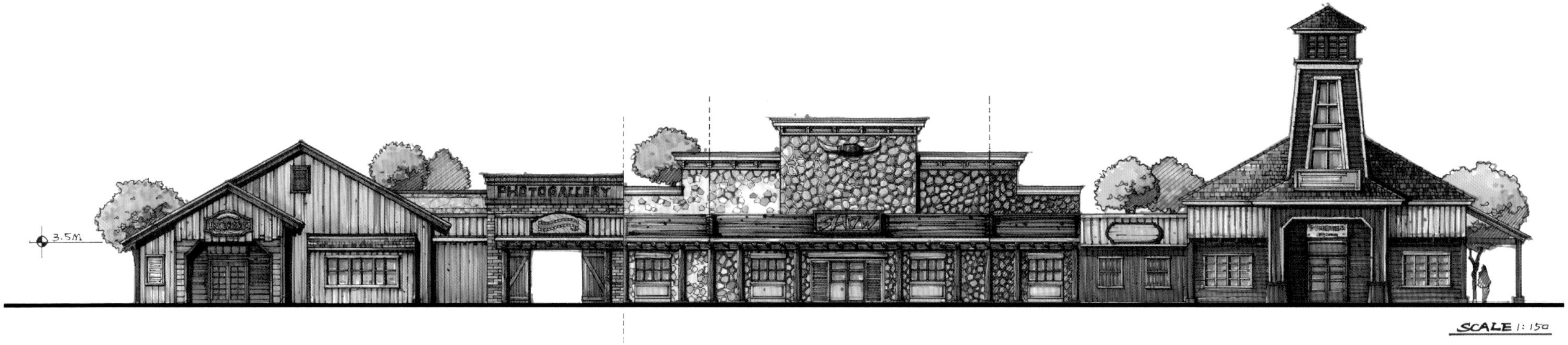
3.5M
PHOTOGALLERY
SCALE 1:150

3.5M

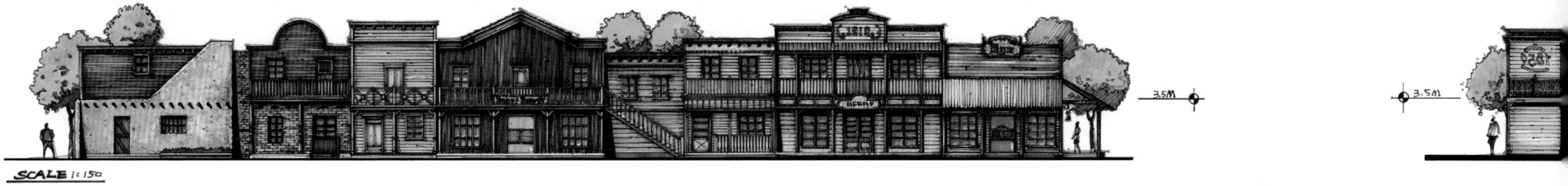
3.5M
3.5M
SCALE 1:150

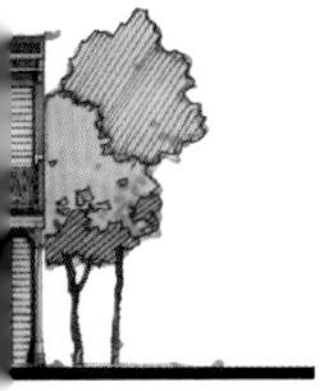

SCALE 1:150

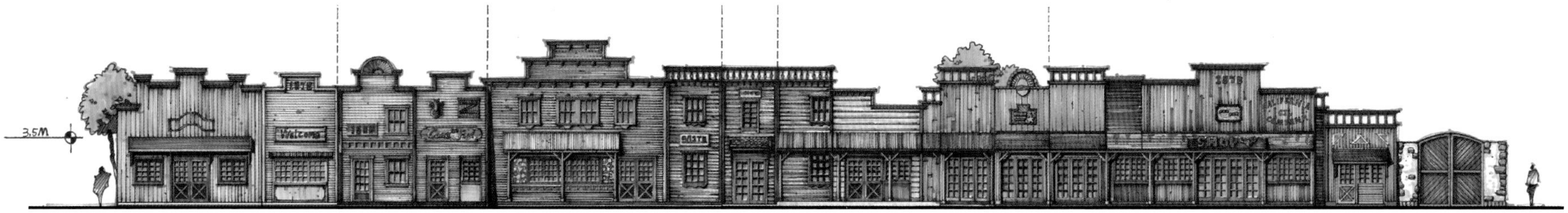

SCALE 1:150

SCALE 1:150

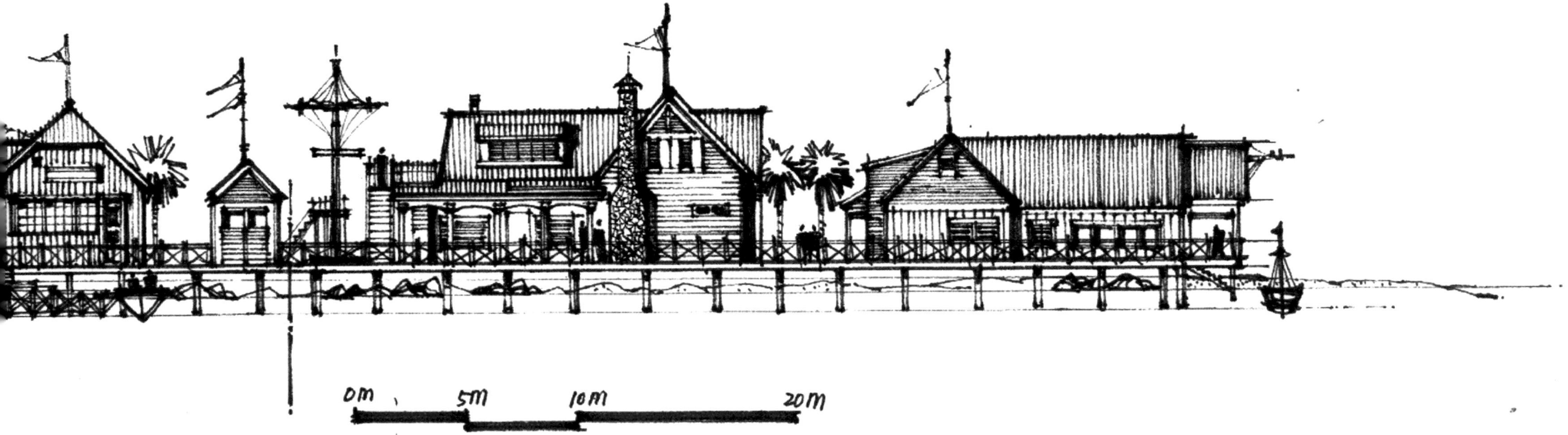
0m
5m
10m
20m

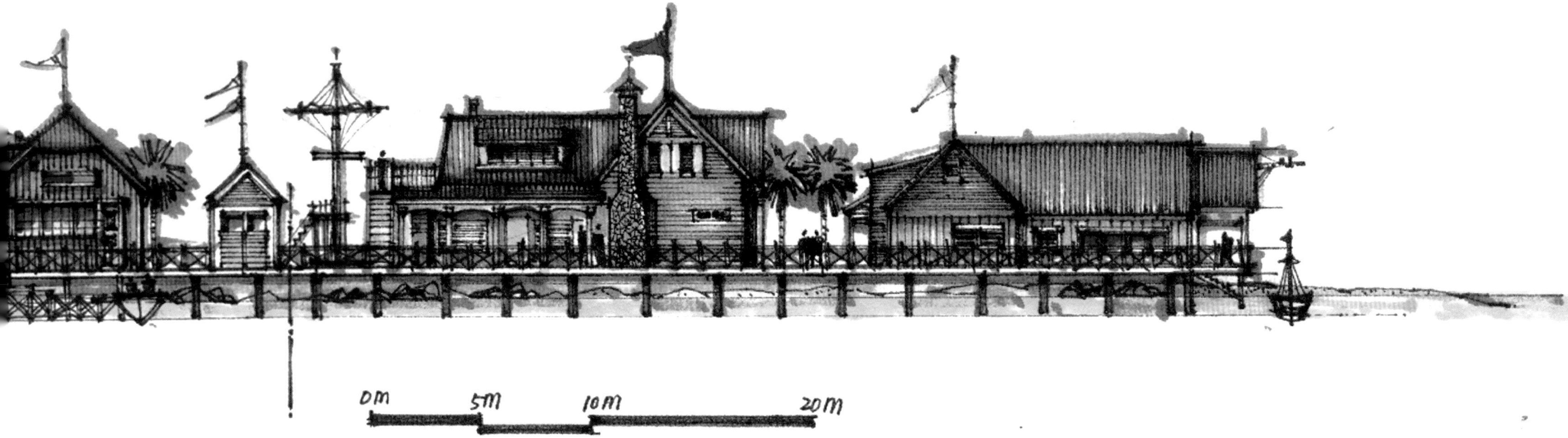
0m
5m
10m
20m

0m
1m
5m
10M

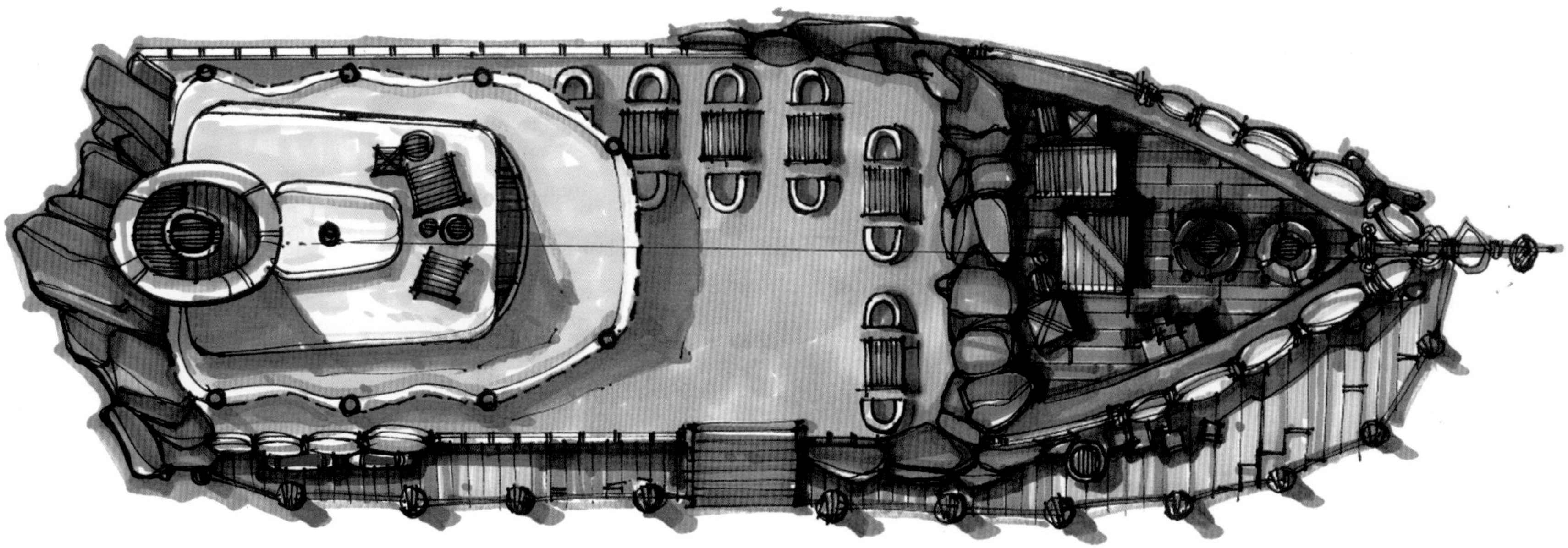

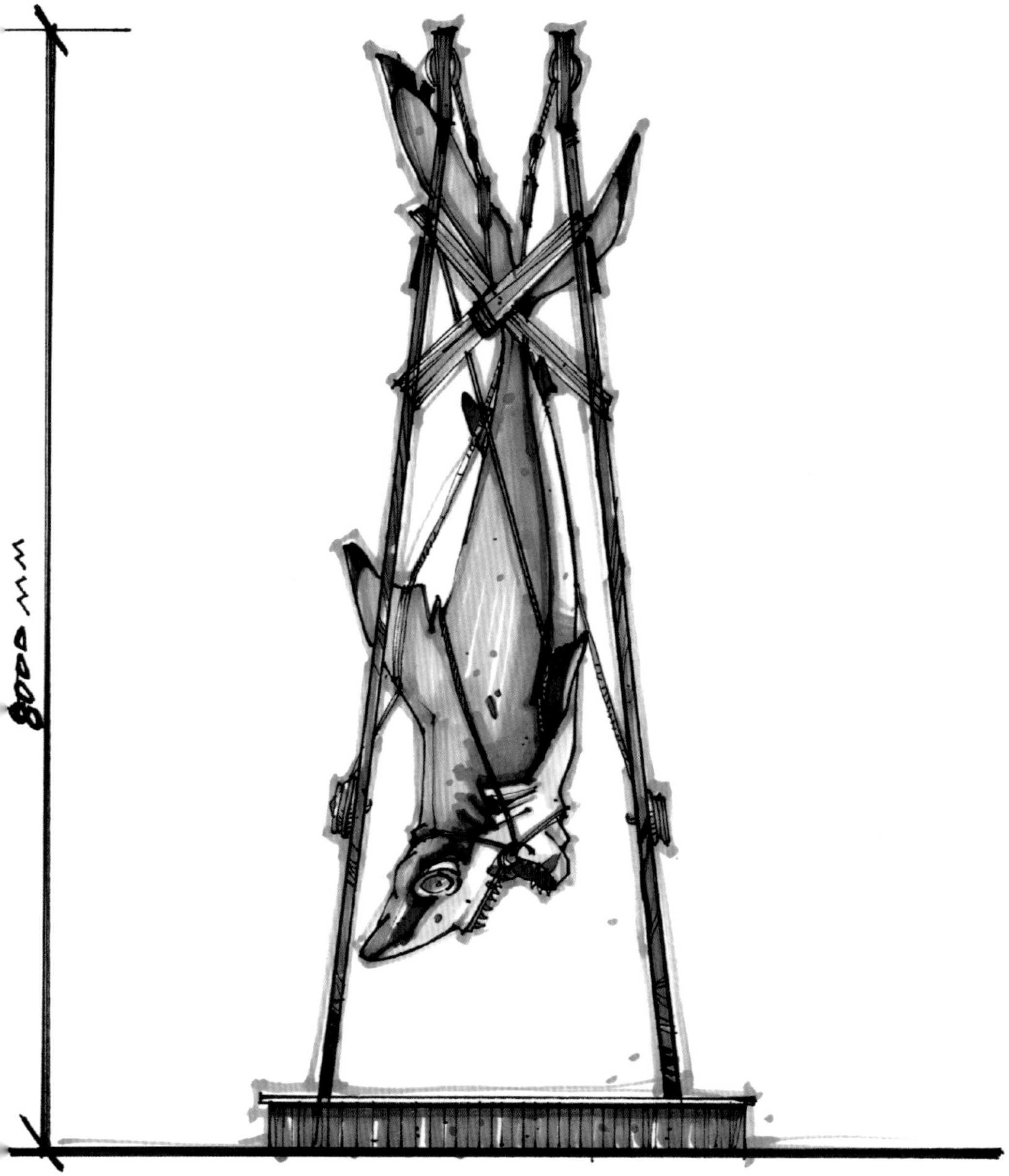
8000 MM

+9.5M
SOS
+3.5DM
SCALE 1:15D

0m
5m
10m

0m
5m
10m
20m

SCALE 1:150
+3.50M

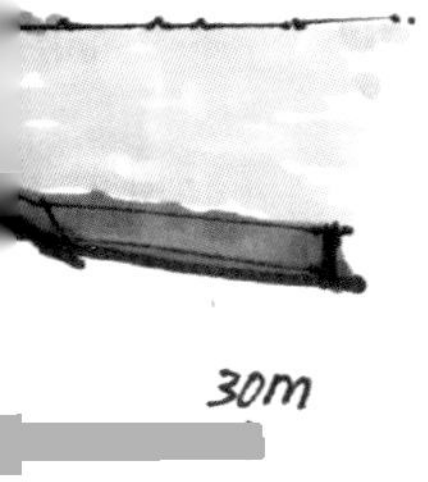
30m

SCALE 1:150
+3.50M

+3.50 M

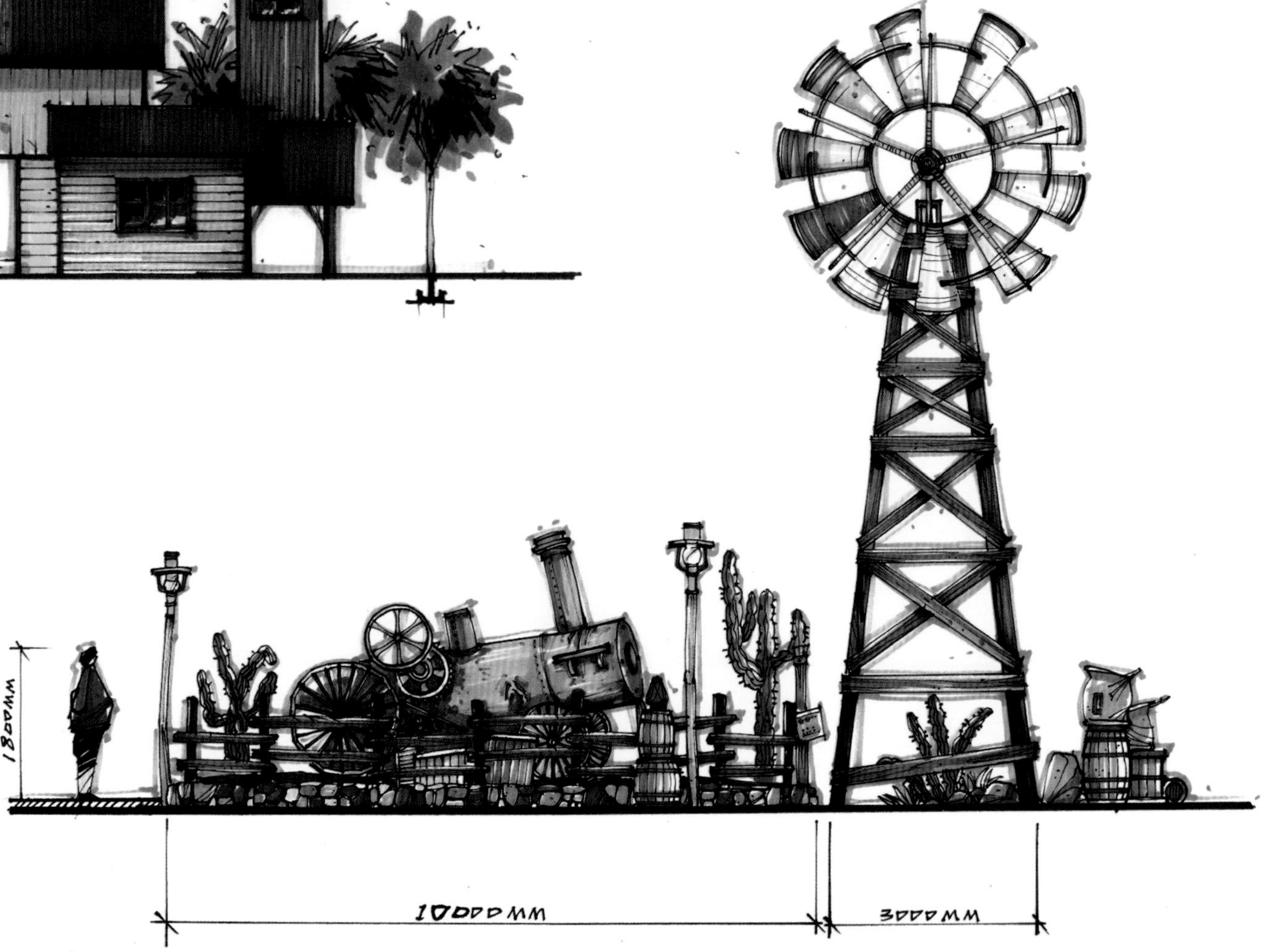

1800MM
10000MM
3000MM

3.25M
SHOP

3.60M

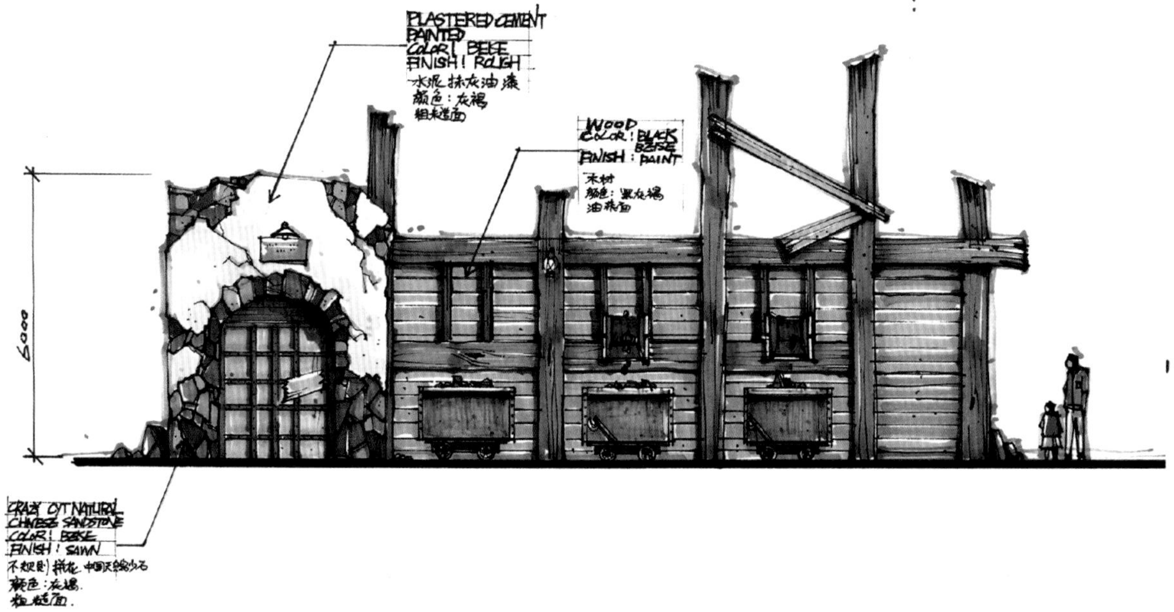
PLASTERED CEMENT
PAINTED
COLOR! BEIGE
FINISH! ROUGH
水泥抹灰油漆
颜色：灰褐
粗糙面
WOOD
COLOR: BLACK BEIGE
FINISH: PAINT
木材
颜色：黑灰褐
油漆面
6000
CRAZY CUT NATURAL
CHINESE SANDSTONE
COLOR! BEIGE
FINISH! SAWN
颜色：灰褐.
粗糙面.

3.50M

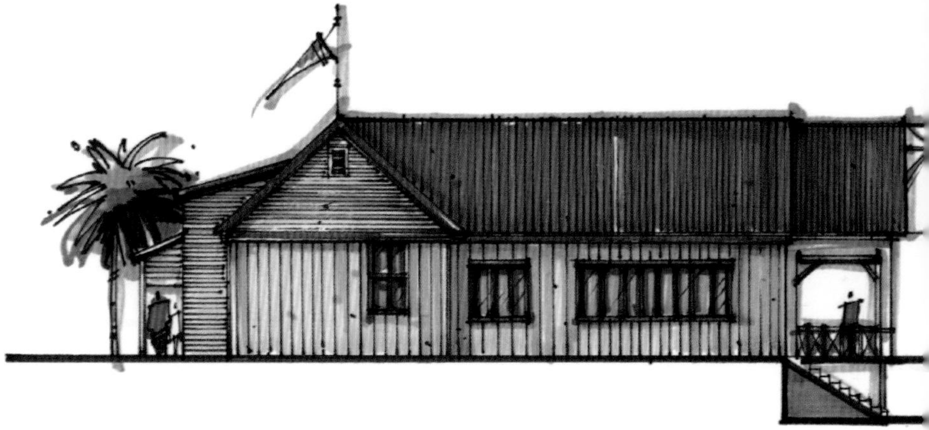

+3.50M

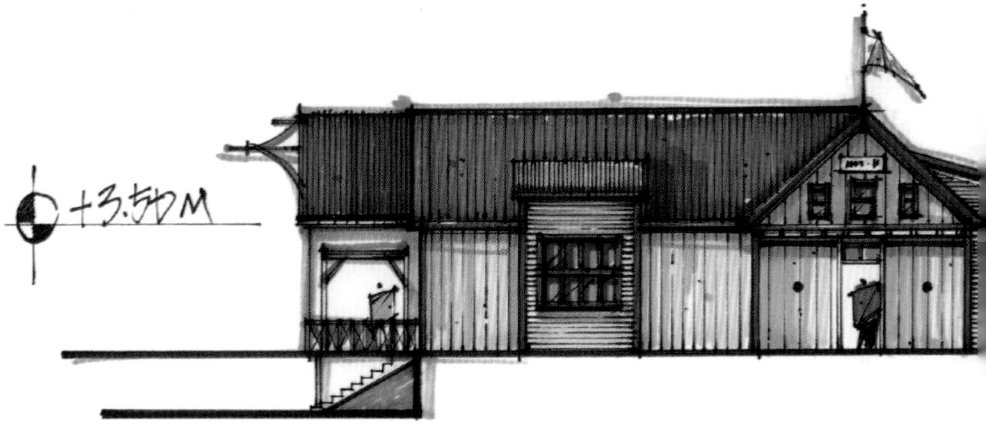
+3.50M

SCALE 1:150
+3.50M

SCALE 1:15
+3.50M

.50M
+3.50M

+3.50M

SCALE 1:150
+3.50M

SCALE 1:150
+3.50 M

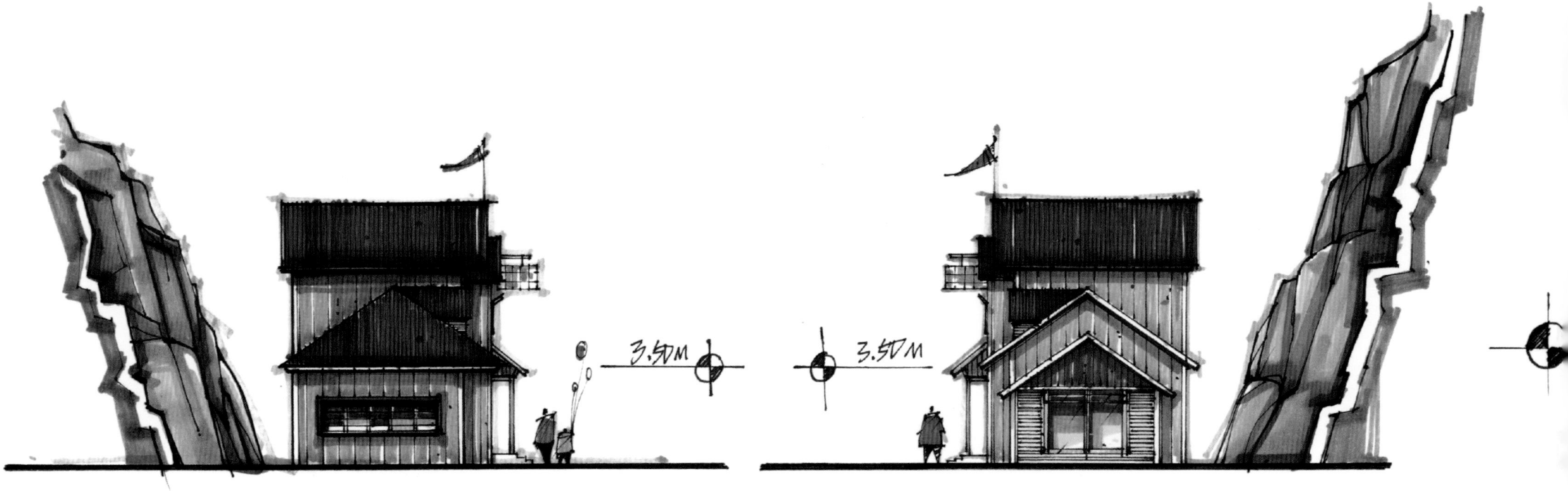
3.50M
3.50M

+3.50M
SCALE 1:150
3.50M

+3.50M

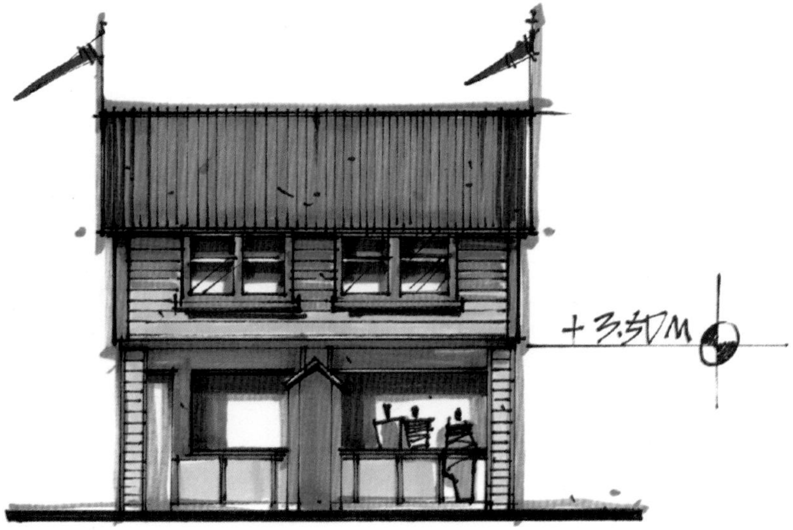
+3.50M

SCALE 1:150
+3.50M

+3.50M

SCALE 1:150
+3.50 M

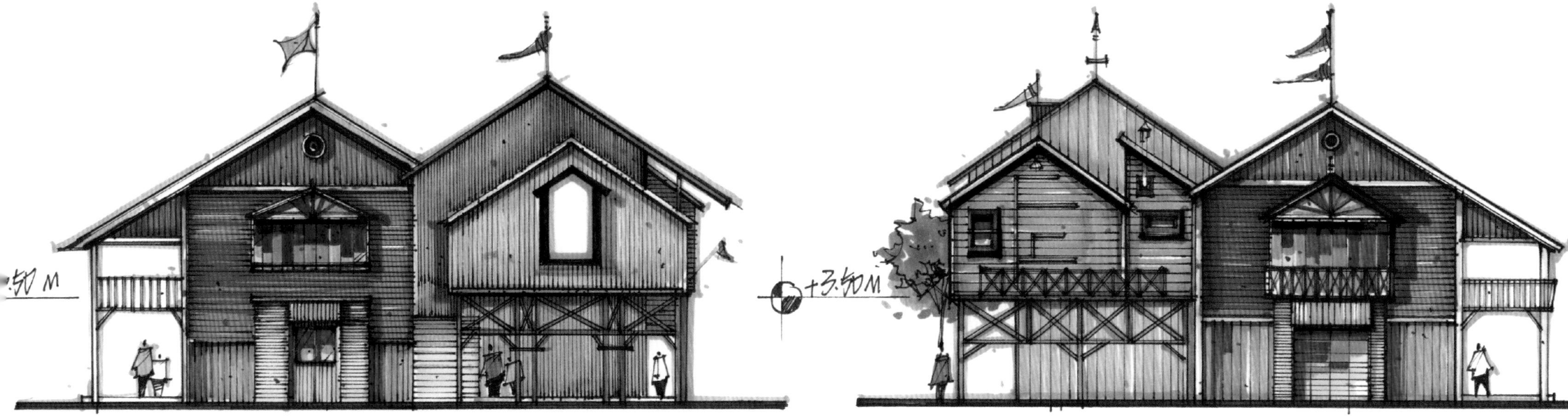
+3.50M

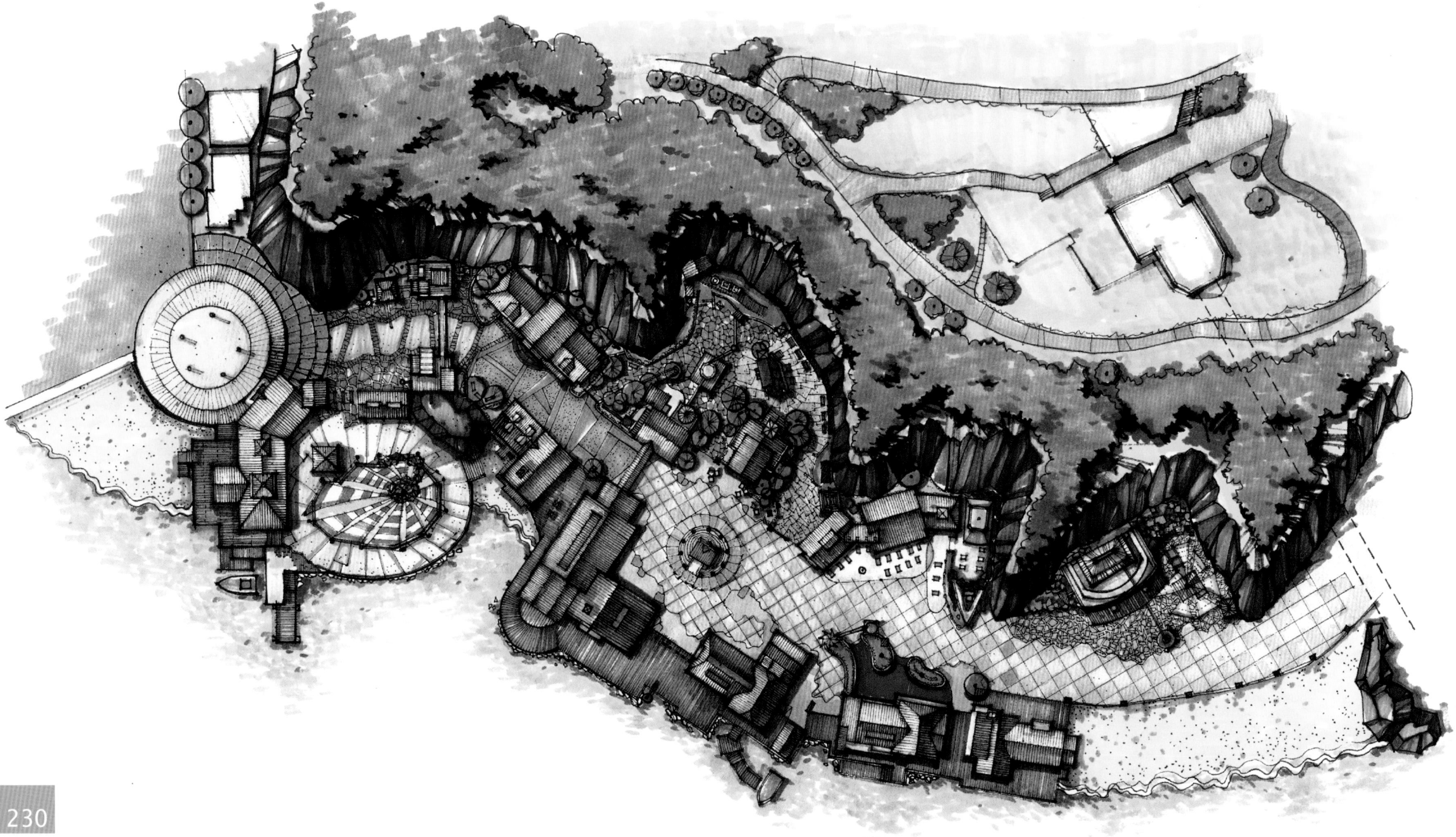

第九章 主题类手绘作品赏析

1.7M
1.5M

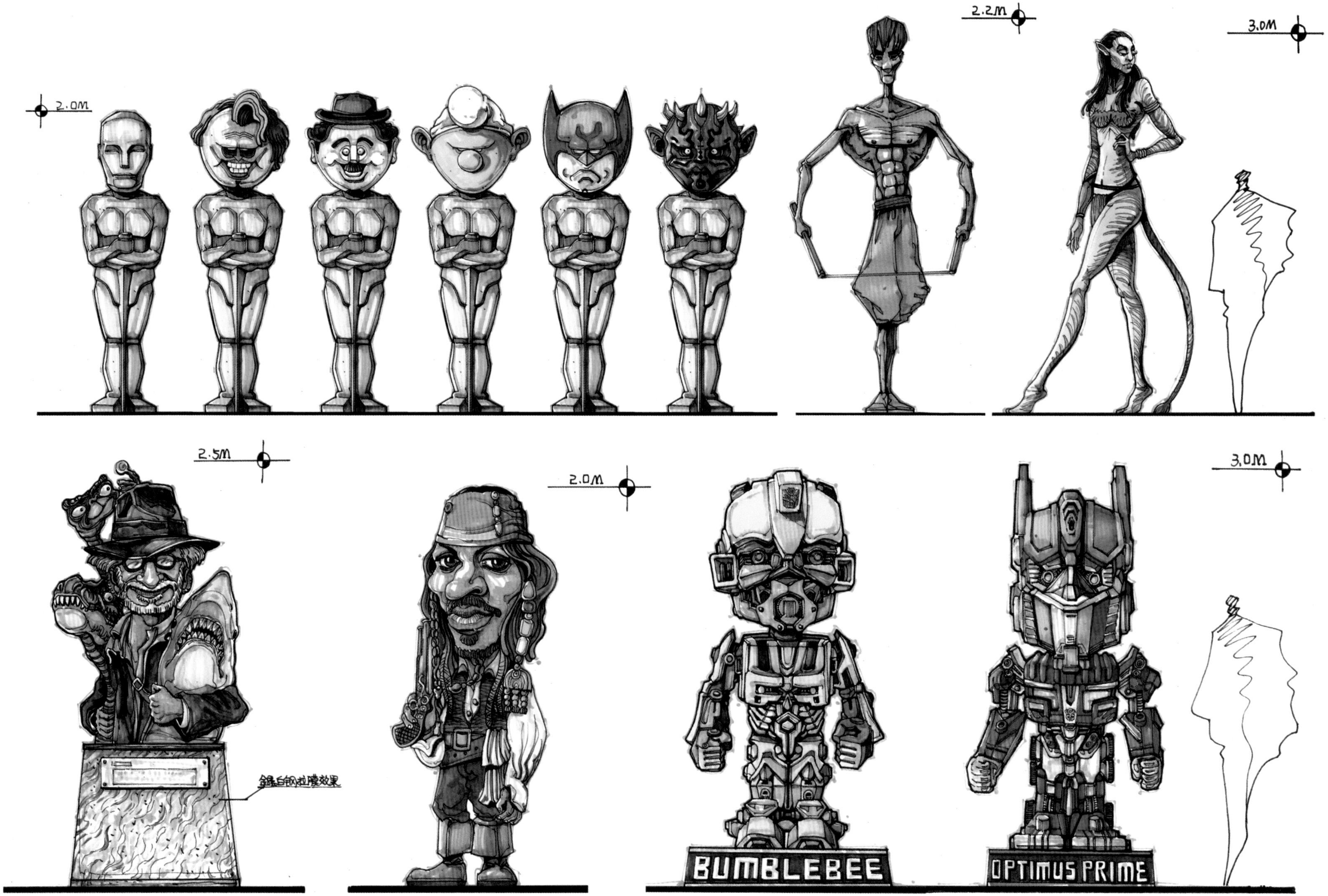

2.0M
2.2M
3.0M
2.5M
鎳白鋼拉膜效果
2.0M
BUMBLEBEE
3.0M
OPTIMUS PRIME

200
1800

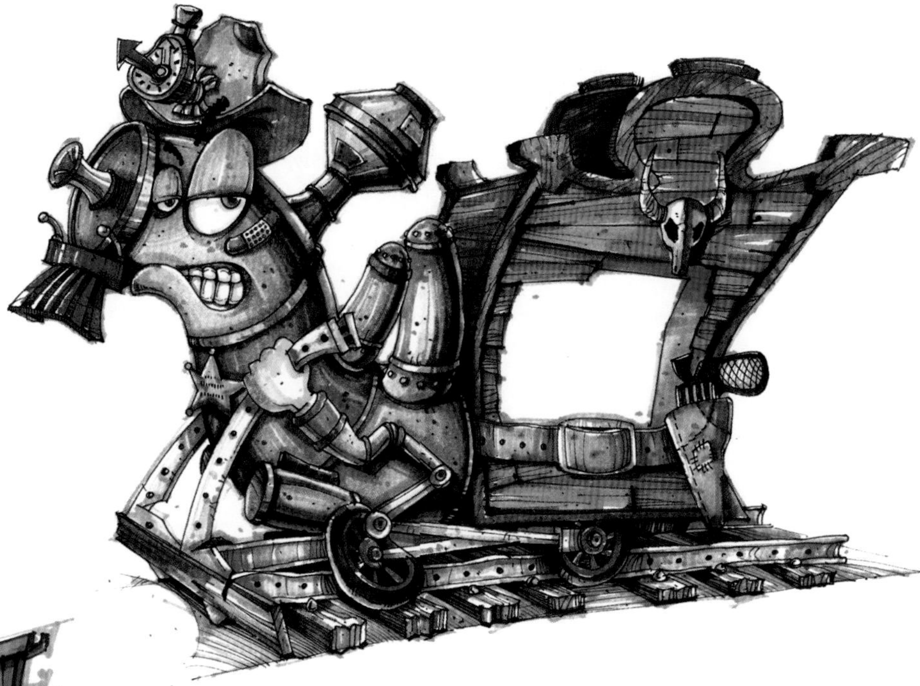

8.5M

2.5M

3.5M

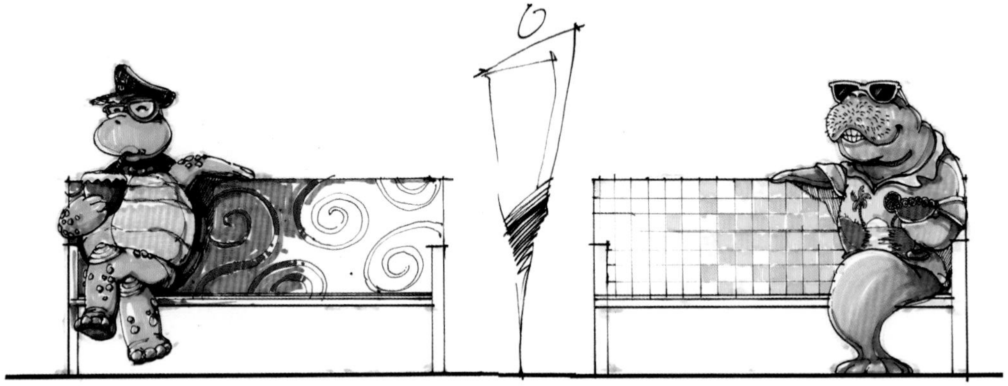

DANGER
2

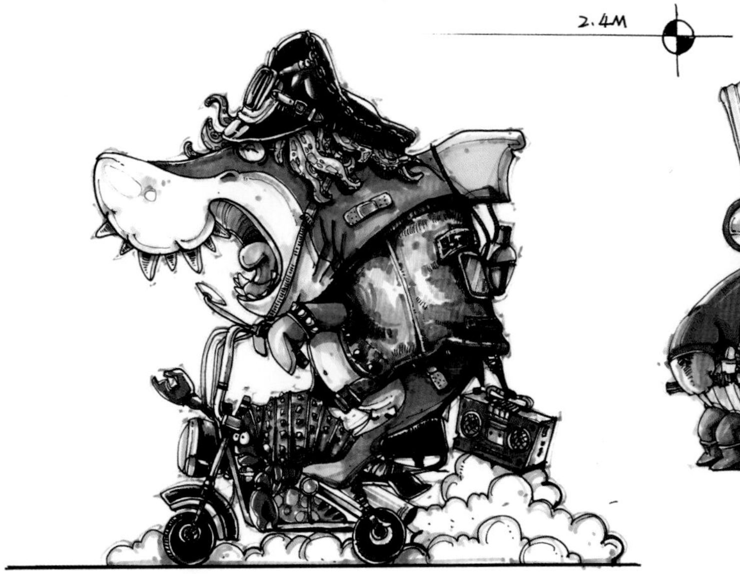
2.4M

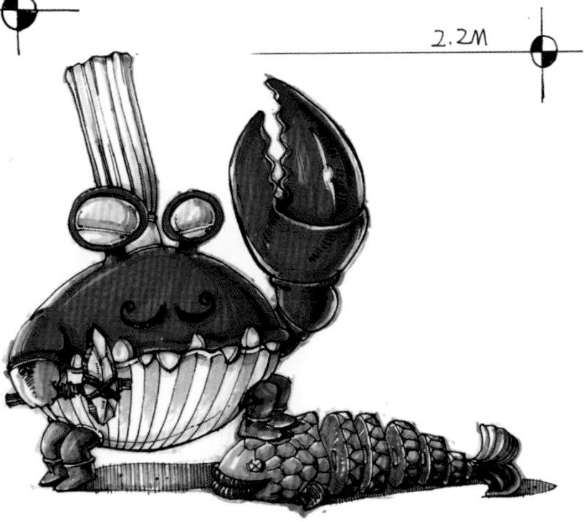
2.2M

3.0M
1.6M

2.8m

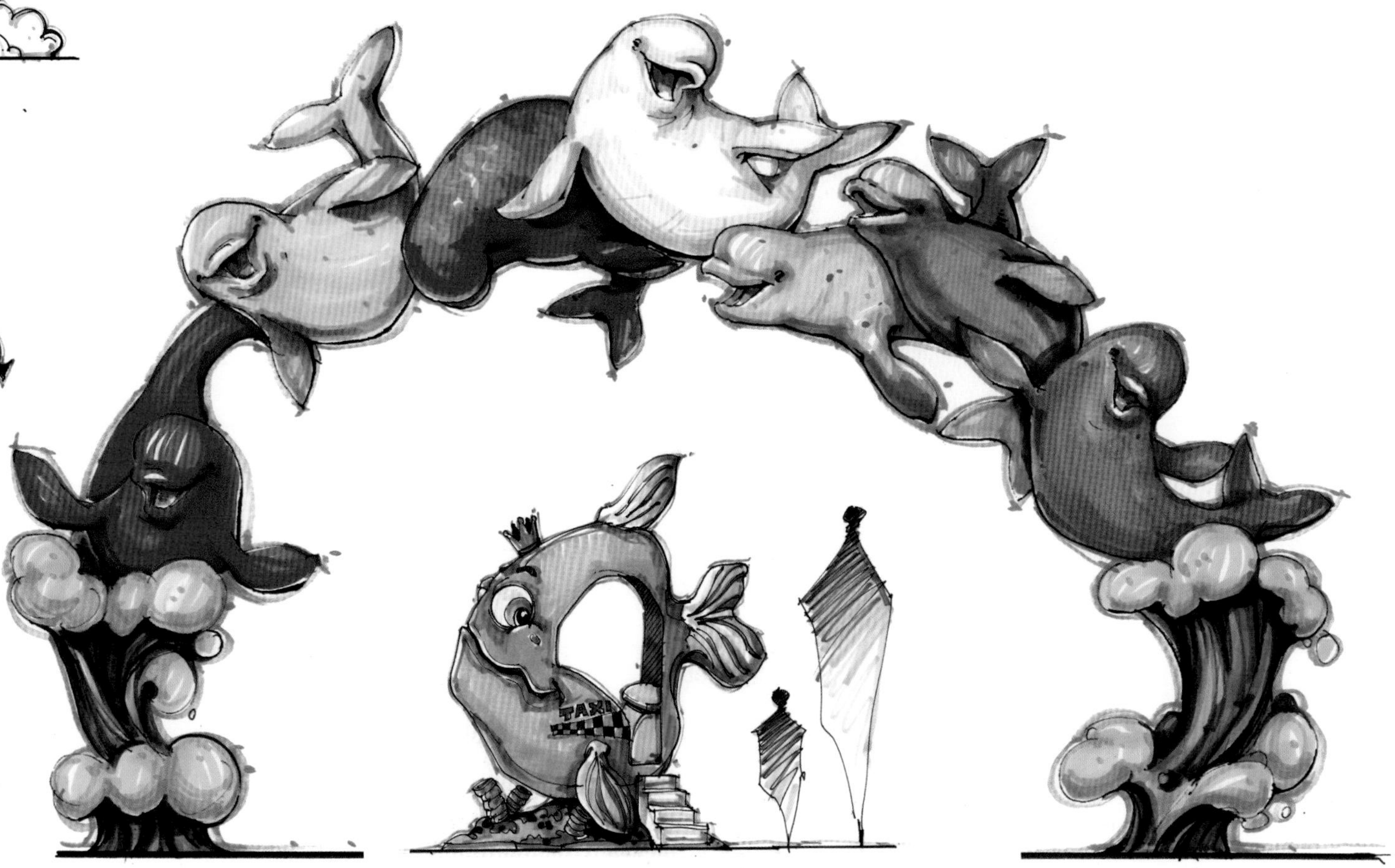
TAXI

Happy
Pirate City
WHERE? Pirate City
UFO
Happy
Pirate City

8.5M

7.0M

4.0M

WELCOME

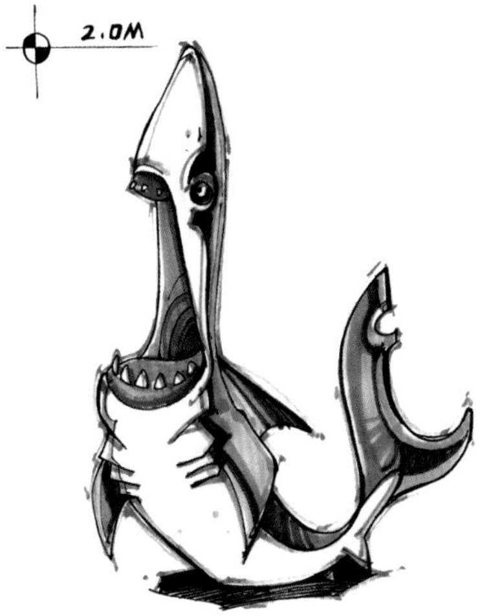
2.0M

3.0M

WUHAN
USA

2.2M

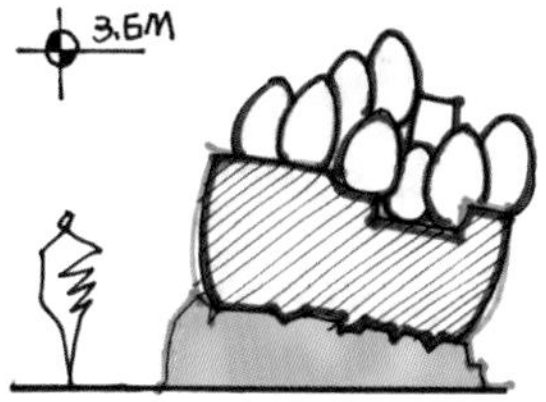
3.6M

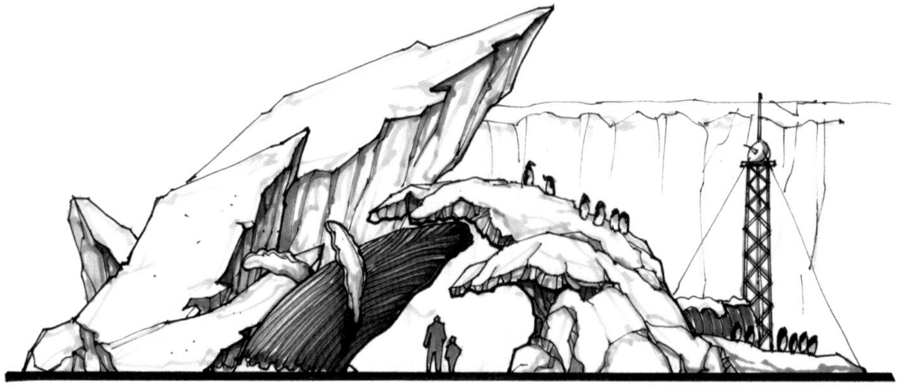

1.5M

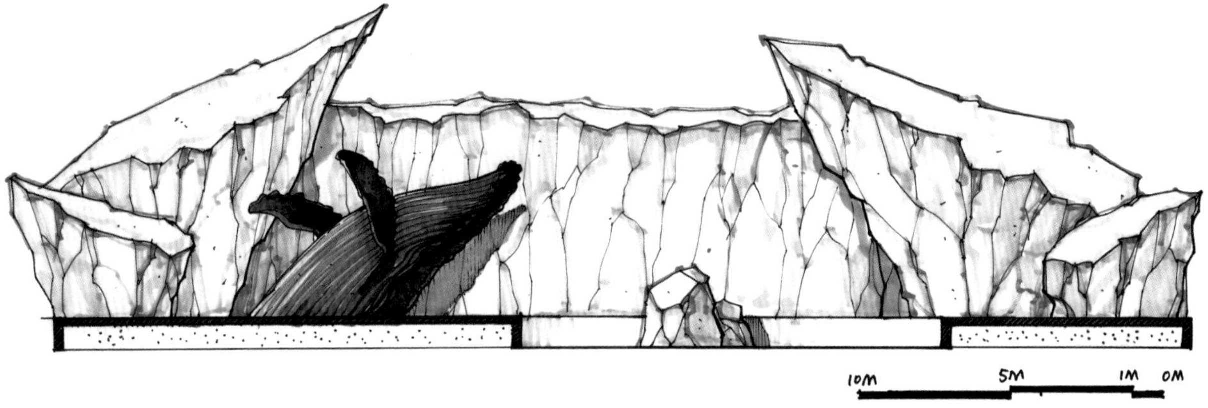
10M
5M
1M
0M

1.2M
2.0M

3.0M

2.5M
雪人
哈士奇
哈士奇
企鹅
2.0M

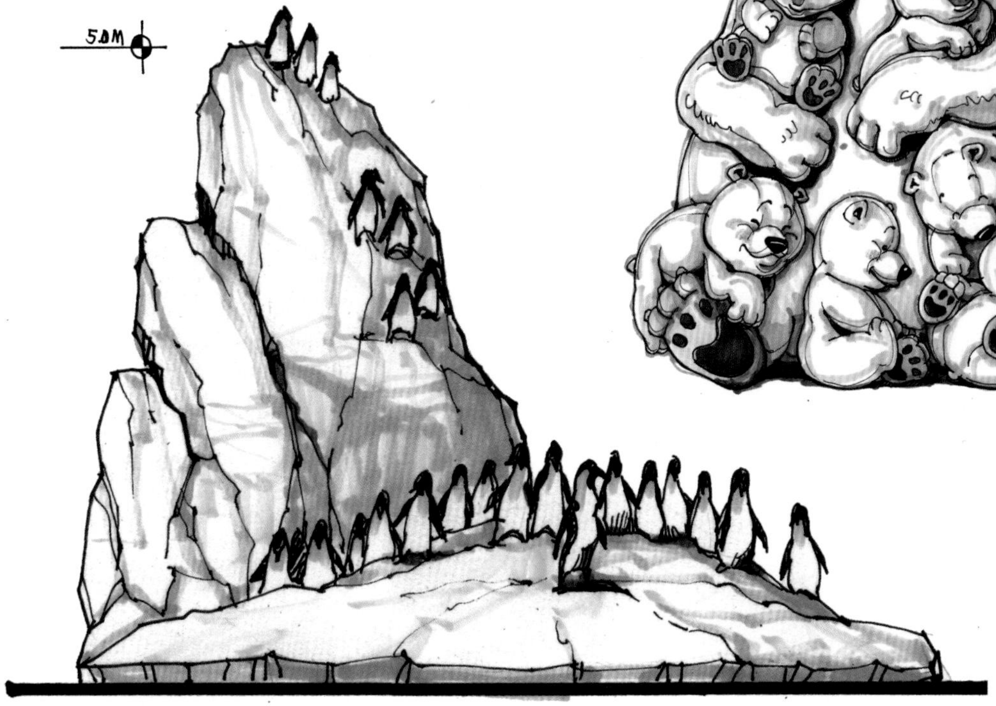
5.0M

6.0M

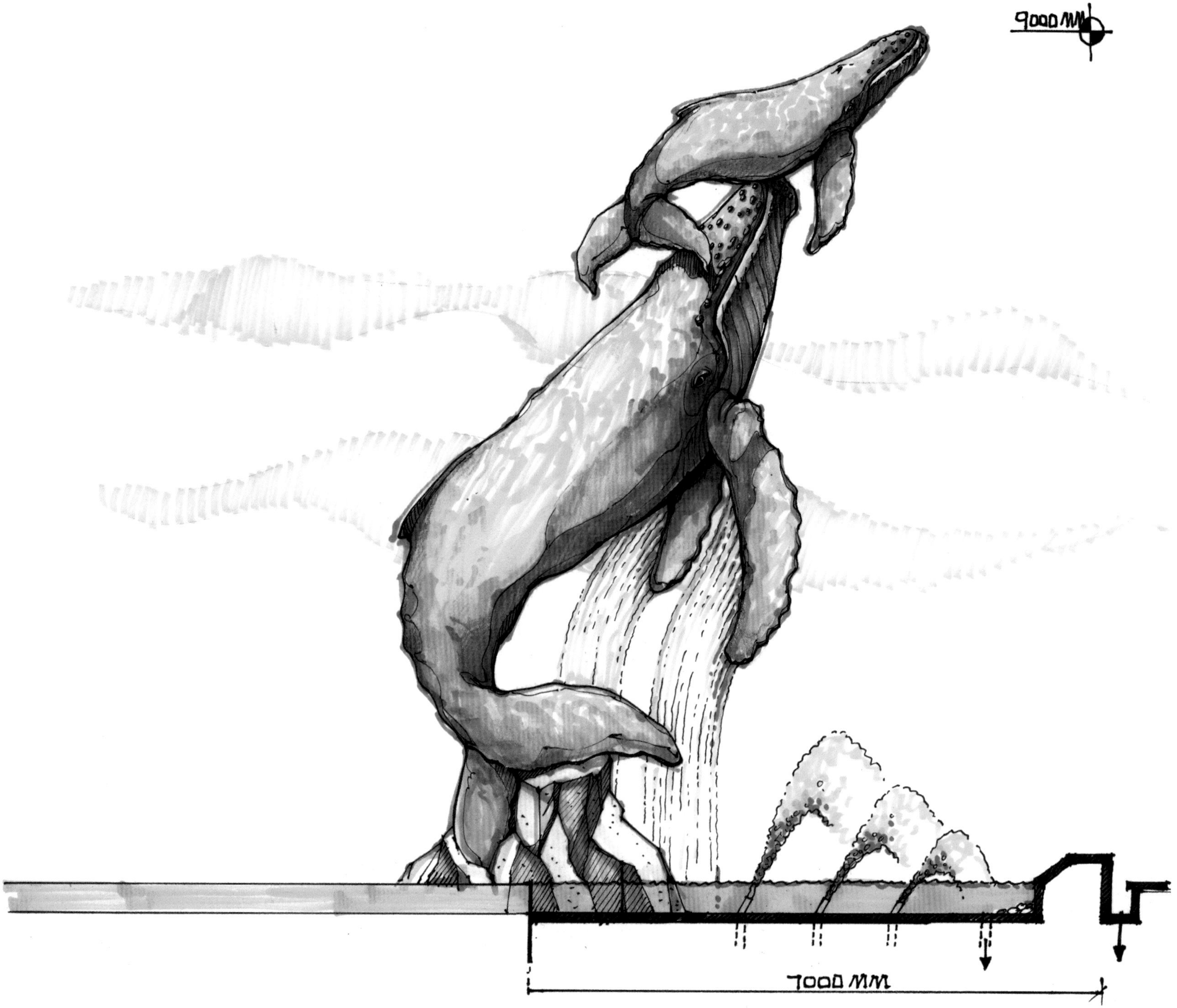
9000MM
7000 MM

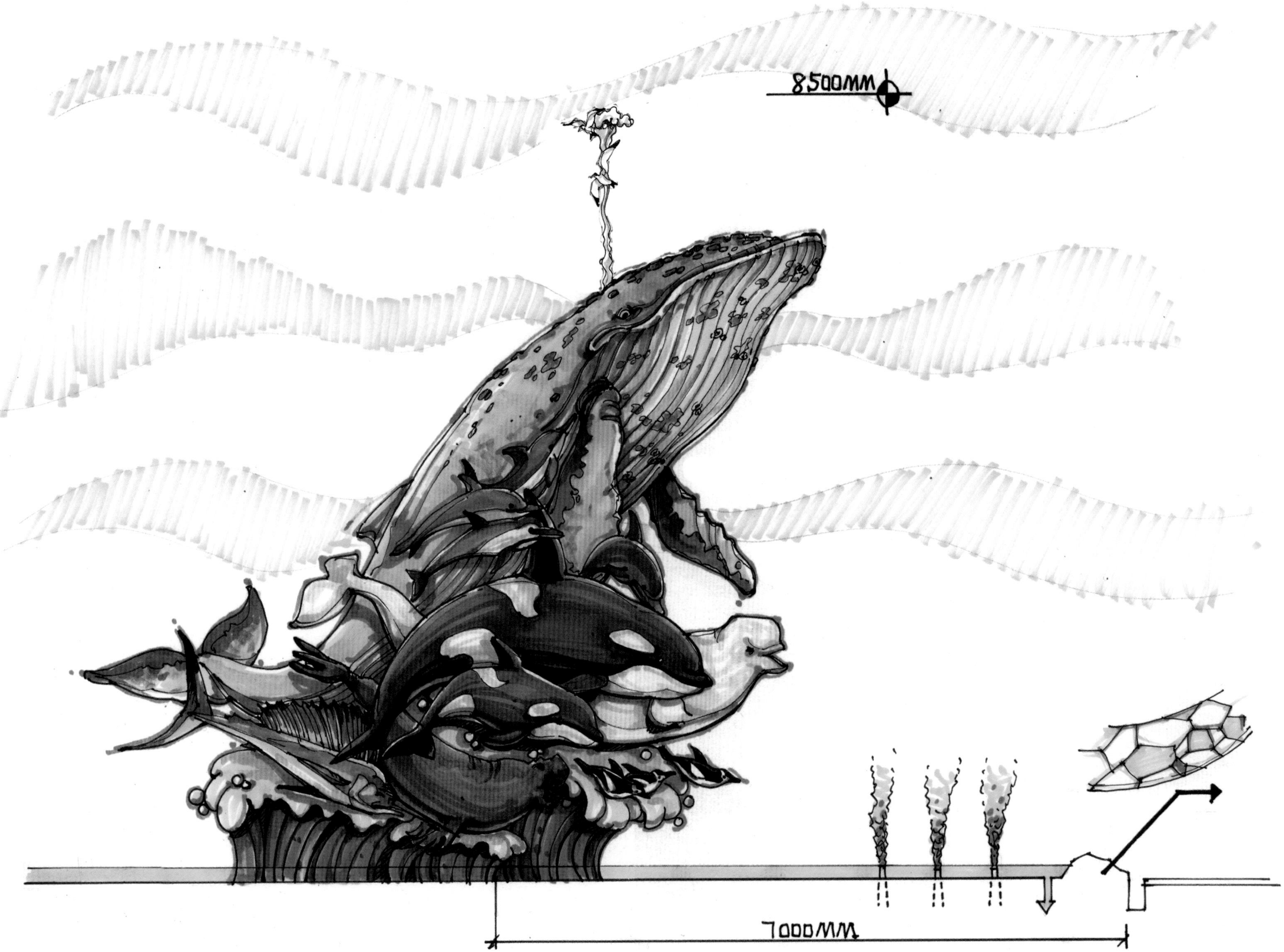
8500MM
7000MM

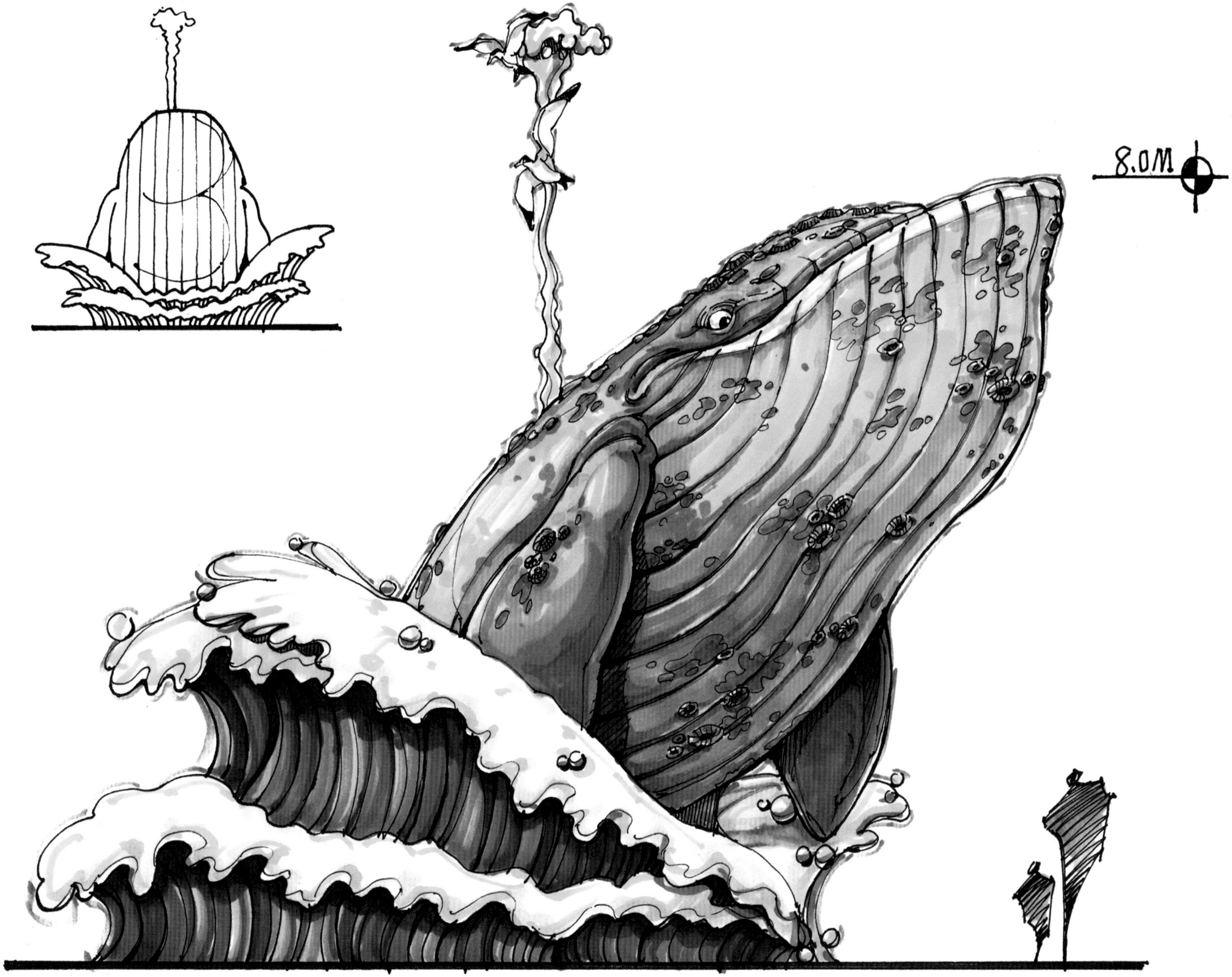
8.0M